青少年心理品质丛书

主编：夏阳

学会微笑常快乐

张俊红◎编著

新疆美术摄影出版社
新疆电子音像出版社

图书在版编目(CIP)数据

学会微笑常快乐 / 张俊红编著. -- 乌鲁木齐 : 新疆美术摄影
出版社 : 新疆电子音像出版社, 2013.4
　ISBN 978-7-5469-3890-5

　Ⅰ.①学… Ⅱ.①张… Ⅲ.①心理交往 – 青年读物②
心理交往 – 少年读物 Ⅳ.①C912.1-49

中国版本图书馆 CIP 数据核字(2013)第 071582 号

学会微笑常快乐　　　主 编 夏 阳

编　　著　张俊红
责任编辑　吴晓霞
责任校对　李　瑞
制　　作　乌鲁木齐标杆集印务有限公司
出版发行　新疆美术摄影出版社
　　　　　新疆电子音像出版社
地　　址　乌鲁木齐市经济技术开发区科技园路 7 号
邮　　编　830011
印　　刷　北京新华印刷有限公司
开　　本　787 mm × 1 092 mm　　1/16
印　　张　15.25
字　　数　225 千字
版　　次　2013 年 7 月第 1 版
印　　次　2013 年 7 月第 1 次印刷
书　　号　ISBN 978-7-5469-3890-5
定　　价　45.80 元

本社出版物均在淘宝网店 : 新疆旅游书店(http://xjdzyx.taobao.
com)有售, 欢迎广大读者通过网上书店购买。

目
录

3

目
录

第一章　微笑的礼赞：人生如画，从微笑开始

　　当我们还只会爬行的时候，我们总是微笑，因为我们惊奇：大自然太美丽了，什么时候我们才能在它宽广的胸怀中激情地奔跑。我们期待，我们微笑，完全不在意自己的无知与弱小。

微笑是一种态度

古人曾讲过一个道理：生是为了验证死的宿命，死是为了获得生的永恒。既然生死都同根，我们又何必太在意这大千世界的是是非非。活着要开开心心，死去要安安静静。我们所要知道的只是微笑，微笑着对待生活。

当我们还只会爬行的时候，我们总是微笑，因为我们惊奇：大自然太美丽了，什么时候我们才能在它宽广的胸怀中激情地奔跑。我们期待，我们微笑，完全不在意自己的无知与弱小。

当我们走进学堂的时候，我们总是微笑，因为我们兴奋：科学奥秘真是太神奇了，什么时候我们才能随心所欲地驾驭它们。我们追求，我们微笑，完全不在意自己的愚昧与笨拙。

当我们远行求知而回到家的时候，我们总是微笑，因为我们感动：父亲、母亲真是太伟大了，什么时候我们才能像他们关心我们一样的去关心他们。我们乞求，我们微笑，完全不在意自己的自私与天真。

终于有一天我们要踏入社会，要面对工作的压力，要面对相处的艰难，要面对情感的困扰，于是我们不再微笑，我们痛苦，我们无聊。当我们骑着自行车的时候我们会感叹：怎么开宝马的不是我？当我们一个人穿梭在繁华的街道时我们会感伤：怎么就我是一个人？当我们辛辛苦苦的工作时，我们又会感慨：我怎么不是周杰伦，动动嘴一年就会收获上亿元。

然而开宝马的人可能当时很想骑自行车，可是他的时间排得太紧，他不得不赶去一个重要的会议；或许那个挽着少女手的男孩其实正在羡慕你，一个人自由自在多好；至于周杰伦，他很开心吗？我以为当一个人连自己的隐私都没有，也应该不是什么快乐的生活。

微笑是一种态度。我们曾经懂得微笑，那为什么不继续呢？

2

微笑会让你从失落走向自信，从空虚走向充实，从郁闷走向豁达，从失败走向成功，从黑暗走进光明。

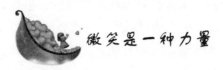

微笑是一种力量

一个微笑可以打破僵局，一个微笑可以温暖人心，一个微笑可以化解矛盾，一个微笑可以树立信心。

微笑就像一缕四月的春风，可以把你的愉悦吹拂到别人的脸上。当你向大家微笑的时候，你的微笑在感动着别人，也在感动着自己。可能你的微笑不一定是可爱的、漂亮的，但一定是美好的、温柔的，一定会让人得到心灵的宁静与平和。你的微笑可能让一些人感觉莫名其妙，可是更多的人会感觉很舒服，他们的嘴角一定也会不自觉地上扬。这个时候，世界是温暖的，天空是湛蓝的，人们是平等的。

因为微笑是一种宽容、一种接纳，它缩短了彼此的距离，使人与人之间心心相通。喜欢微笑着面对他人的人，往往更容易走人对方的心底。难怪有人说微笑是成功的先锋。

对人微笑是一种文明的表现，它显示出一种力量、涵养和暗示。一个刚刚学会保持微笑的年轻人说："当我开始坚持对同事微笑时，起初大家非常迷惑、惊异，后来就是欣喜、赞许，两个月来，我得到的快乐比过去一年中得到的满足感与成就感还要多。现在，我已养成了微笑的习惯，而且我发现人人都对我微笑，过去冷若冰霜的人，现在也热情友好起来。"

有人讲起这样一个故事：一名独居的小姐听到敲门声后打开门，发现一个持刀的男人正恶狠狠地盯着自己。她灵机一动，微笑着说："朋友，你真会开玩笑！是推销菜刀吧？我喜欢，我要一把……"边说边让男人进屋，接着说："你真像我过去认识的一位好心的邻居，看到你非常高兴，你要喝咖啡还是茶……"本来脸带杀气的歹徒慢慢变得腼腆起来。他有点结巴地说："谢谢，哦，谢谢！"

最后，她真的买下了那把明晃晃的菜刀，陌生男人拿着钱迟疑一下走了，在转身离去的时候，他说："小姐，你将改变我的一生！"

听完这个故事，我们不禁会心地微笑。是的，微笑就是有这样的力量，能缩短彼此的距离，使人与人之间充满信任与感激。

这个故事流传了很久，它也许不是真的，但我们相信微笑的力量，能够在很多时候战胜通过强力难以战胜的对手或困难。

微笑的力量多么的惊人。有微笑面孔的人，就会有希望。因为一个人的笑容就是他好意的信使，他的笑容可以照亮所有看到它的人。没有人喜欢帮助那些整天皱着眉头、愁容满面的人，更不会信任他们。而对于那些感受到上司、同事、客户或家庭压力的员工，一个笑容就能帮助他们了解：一切都是有希望的，世界是有欢乐的。只要忙着、工作着，你就不能不微笑。微笑的魅力，有时远出意料之外。微笑的力量有多大？

首先，微笑使烦恼的人得到解脱。

当我们处在烦恼、痛苦当中，忽然碰到一张微笑的脸，自己愁眉紧锁的脸就稍稍开朗，僵硬的肩膀也略为放松，顿时发现世界并不如想象的那么灰暗无光，原来微笑竟能为自己带来解脱、逍遥与自在。

其次，微笑使疲劳的人得到安适。

当我们埋头苦干，又疲又累，觉得浑身无力，好似用光了最后一分力气时，旁边的主管、领导或亲人，适时给个赞美、微笑，亲切地拍拍我们的肩膀，我们会发现所有的疲劳，好像随着这个微笑云淡风轻，全身又充满了力气，充满了能量。

第三，微笑使颓废的人得到鼓励。

生活中难免会有提不起劲做事的时候，不仅精神萎靡不振，情绪也会无来由的不舒坦、不高兴。此时若接到周遭朋友、同事、家人投来安慰的微笑，说一句激励的话，我们马上会振作精神，甚至发誓要以奋发向上来报答他人的关怀。

第四，微笑使悲伤的人得到安慰。

当生活上遇到不如意，受到委屈不平，或在职场上受到排挤倾轧，受到诽谤讥讽，而觉得伤心难过时，若有几句安慰的话或温和的笑容，会让我们得到莫大的慰藉，可能立刻就把悲伤抛到九霄云外了。

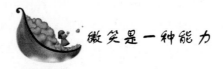 微笑是一种能力

我们在这个多姿多彩的世界里生活，经历过快乐，也有过悲伤，在失败中体会到了人世间的酸甜苦辣，在成功里找到让自己继续前进的自信心。现实的社会里，微笑是人间最真实的语言，失败的时候给自己一个微笑，让自己更深入的了解自己，在失败中看到自己的不足，下次避免再走同样的弯路，这样似乎每一次失败在生活中都起了重要的角色，现在失败得越多，以后所遭遇到的失败就越少。最后我们走上的是一条已经经历过风霜磨炼，平坦无阻的大道。

泰国商人施利华，是商界拥有亿万资产的风云人物。1997 年的一次金融危机使他破产了，面对失败，他只说了一句："好哇！又可以从头再来了！"生活也应该如此，在每一次失败中微笑，给予自己继续前进的自信心，把失败看成是成功的垫脚石，学会拥抱成功，走向成功。

在平凡无奇的生活中，我们遇到了挫折，举目望一望身边的人，也许我们就会感到心中的一点欣慰。在我们身边总不缺少一些佼佼者，他们是成功的代表，但谁又知道他们生活背后又是遭到了多少挫折和失败呢？失败固然可怕，但是没有接受失败的能力就更加可怕了。一个人没有接受失败的能力，只看到了成功的一面，这样在每一次失败中就会降低自信心，没有好好认识失败对自己的意义，把失败看作是自己的敌人，固执己见，最终失去了锻炼自己的机会，成了一个迷途之人。

给自己树立一个目标，朝着目标勇往直前，在刻苦认真中无暇顾及身边的风雨，最终达到目的，我们最后会为自己付出而得来的喜悦微微一笑。"啊，这件事太难了，以我的能力肯定不能做到的。啊，那件事也是，我还是挑一些小的来做吧。"这种想法在身边随处可见，但我们却没有在每一个成功的人士口中听到一个难字。

在资讯发达的当代社会，当有一个成功人士面对重大困难时，

媒体总是加以炒作，这件事就成了众所周知的话题，然而大部分成功者都只是用微笑作答。《战争与和平》的作者托尔斯泰大学时因成绩太差而被退学，老师认为他既没读书的头脑，又缺乏学习意愿。发表《进化论》的达尔文当年决定放弃行医时，遭到父亲的斥责："你放着正经事不干，整天只管打猎、捉狗逮耗子的。"另外，达尔文在自传上透露："小时候，所有的老师和长辈都认为我资质平庸，和聪明是沾不上边的。"爱因斯坦4岁才会说话，7岁才会认字，老师给他的评语是："反应迟钝，不合群，满脑袋不切实际的幻想。"他曾遭到退学的命运，在申请苏黎世技术学院时也被拒绝。

这些为人类作出贡献的伟大的科学家，从小资质就没有其他人高，平庸的资质让他们在生活中注定要遭到更多的失败，以至于他们在无数失败中成长，在无数失败中纠正错误，最终都走向了成功。所以，每一次失败都是一笔巨大的财富，我们应该珍惜每一次失败，用微笑去珍惜它，认真面对它，细心的体验它，这样，我们最终就会走向成功。

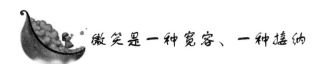

微笑是一种宽容、一种接纳

微笑着面对生活带给我们的一切。从生活的书本里找到属于自己的，最丰富动人的内容。微笑，沟通了两颗心灵，挽救了一条生命。这就是微笑的力量。

微笑是护肤霜，涂抹在脸上，我们会更加美丽；微笑是镇静剂，面对人生的丛生荆棘和惊涛骇浪，我们会克服困难，勇往直前。微笑着的人善于把生活的种种意外和收获与微笑一起，勾兑成鸡尾酒，喝下去，因而就拥有了一份直面生活困境，跨越生活障碍的勇气。

微笑可以挽救生命，微笑可以胜出官司，微笑可以消除隔阂。可见微笑的力量真的是举足轻重，不容忽视。有的人甚至认为，忘记微笑是一种严重的生命疾患。一个不会微笑的人可能拥有名誉、地位和金钱，却不一定会有内心的宁静和真正的幸福，他的生命中必须有隐蔽的遗憾。那么，对于丧失了微笑心绪的人，应该赶紧把心底的温柔、眷顾、爱惜、自信，丝丝缕缕地拣拾回来，拓宽胸臆，重构自己灵魂的免疫系统。只有微笑，才能使我们享受到生命底蕴的醇香，超越悲欢。再多的变故、再多的失落、再多的背叛、再多的疑惑、再多的烦恼、再多的辛酸，只要心中有微笑，我们就能穿过世事的云烟，沉着应变，迎向幸福的彼岸。

一个人脸上有微笑的笑意不难，经常保持笑容也不算太难，难的是在非常时期依然可以保持微笑。

这份微笑要保持着实不易，因为它不仅仅只是一种脸部肌肉运动，更是从容的风度，坚强的信心，敏锐的判断所综合起来的表现。微笑着，尤其是在最需要的时候微笑着，那是一种不可名状的力量！

微笑的人并非没有痛苦和眼泪，只不过我们应该把痛苦和眼泪化为心里的一盏灯，照耀着前行的路。所以微笑是一种魅力，掩饰着振作、成熟和坚强；微笑是一种风度，饱含着友善、豁达和乐观。

笑是人类情绪中最丰富多彩的一种表达形态，直接而形象地反映出一个人的内心世界。微笑最宝贵，它能给予人们以温暖、友谊、信心和力量。每个黎明醒来，给自己一个微笑，驱走心头大大小小的不快；每次上班的路上，给朋友一个微笑，带给对方一天的快乐！人生路漫漫，带着微笑启程，你就会拥有一张永久的通行证。

微笑，不仅使别人其乐融融，更使自己受益匪浅。当你在黑夜里孑然独行时，微笑会让你看到希望的曙光；当你在事业上遭遇挫折时，微笑会重新扯起你前进的风帆；当你在生活中被鸡毛蒜皮小事压得喘气不畅时，微笑会再度撑起一片艳阳天。微笑，是生活永恒的主题；微笑，是人生诚挚的伴侣。可想而知，没有微笑的生活，该是何等死气沉沉！没有微笑的人生，该是何等黯然失色！因此说，人们离不开微笑，要学会微笑，善用微笑。

微笑是一种宽容、一种接纳，它缩短了彼此间的距离，使人与人之间心心相通。喜欢微笑着对他人的人，往往更容易走入对方的心里。难怪有人说微笑是成功者的先锋。在人际交往中，微笑是人们打开自己人气的钥匙，少了它，纵使你工作上有不俗的表现，也难以打开仕途成功之门。

微笑能让人觉得你亲切可爱；微笑能使人觉得你从容不迫；微笑能得到友情的回报；微笑能化解压抑的气氛；微笑使生活变得轻松；微笑使学业更加有趣。微笑，是一生最重要的力量。

学会微笑，也就懂得了爱自己；学会微笑，也就懂得了生活。给生活一个真诚的微笑，在疲惫枯燥的生活里我们将拥有一份洒脱和美丽。如果生活中我们都学会微笑，那我们朋友之间、同事之间相处得会更加融洽，生活会以另一种色彩出现在我们的眼前。

微笑不仅给人们以愉快，温馨，也传达出一种安全感，一种对生活的满足和对社会的信赖。匆匆地行走在人世间，我们总希望看到一张张笑脸。比如出门在外，人地生疏，一张陌生但微笑的脸庞，会给我们一种相知相容的感觉，让人在不知不觉间缩短了距离；比如劳累了一天，悄悄地推开家门的时候，亲人们的一袭微笑，会让我们一下子卸去了一天的疲劳和烦恼，家就成了温馨的港湾。一个微笑会化干戈为玉帛。微笑，就是一朵美丽的鲜花！俗话说"送人玫瑰，手有余香"。在我们给别人送去微笑时，自己也会有甜蜜的收获。

微笑对别人，是一种关心，一种勉励，一种共鸣，一种关爱；对自己，是一种安慰，一种宽容，一种坚强，一种肯定。把微笑送给别人，能使自己愉快；把微笑送给自己，能使自己成长。微笑的我们，要用微笑的力量，去关照他人，去感化他人，去影响他人，使每个人的脸上都挂起一片永不褪色的灿烂！

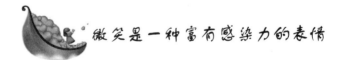

微笑是一种富有感染力的表情

微笑是一种富有感染力的表情，它证明你内在不带虚伪自然的喜悦，你的快乐情绪马上会影响你周围的人，给他人留下一个良好的第一印象。如果我们希望别人喜欢我们，必须时刻牢记保持微笑，因为没有人愿意见到一个脸上布满阴云的人。

人生在世，会有许多失意、落魄，但无论我们的生活是怎样的令人痛苦不堪，无论我们心灵的天空如何阴霾密布，我们都应该微笑对人生。有哲人说："平凡的生活中，一抹微笑就是一道阳光。它不仅仅能够照亮自我阴暗的心灵，还能温暖周围所有潮湿的心灵。"是啊！微笑的力量，是如此的强大，它是缩短人与人之间距离最有效的方法。

在日常生活中，如果我们能够微笑，能够有安详愉快的心境，那么不但我们自己身心受益，而且即使我们身边的人也受到感染和滋润。当看到别人的微笑之时，即使自己还在不开心，但是看到那抹笑容，忍不住也会心地微笑起来。微笑的力量可以传播到每个人身上的。

在每一天，其实我们都可以纯粹、自然地度过，悠闲地散步、微笑，与友人品味茗香，庆祝彼此的相会，就好像我们是这个地球上最快乐的人。这不是逃避，而是一种治疗和康复活动。微笑意味着我们是自己，意味着我们对自己拥有主权，意味着我们没有被淹没于无明当中。

我们可以悲伤、流泪，但当遇到什么不幸的事，笑总是比哭好，每个人都可以拥有美好的笑容，那么我们为什么不去利用呢？让微笑像阳光一样洒遍你生活中的每一个角落，你的世界会充满阳光、欣欣向荣。哪怕面对困难，我们也应该微笑对人生，一切会迎刃而解。

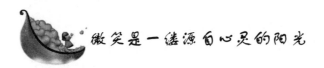

微笑是一缕源自心灵的阳光

微笑，从表面上看，是一个多么简单的动作，是啊，微微一笑，有谁不能，又有谁不会？然而，也许你能拥着阳光，拥着快乐的微笑，但却不一定能够面对生活中的风雨和悲伤，仍然笑得那样轻松，那样自在。

面带微笑，也是一个人积极乐观的态度和人生观的体现。然而微笑的背后，往往深藏了一个人对生活的辛酸苦辣、对人生的种种磨难而能有一份深刻独到的感悟，并始终能以一种淡然的情怀处之。

真真切切的生活，实实在在地过好每一天，告诉自己：即使我身上只剩下一元钱，我也要微笑着面对生活，无论发生任何事情我都要微笑着面对这个世界。

的确，生活中总有诸多不尽如人意的地方，生活也绝不可能主动去适应谁，而是需要人们来如何适应生活。如果身在不尽如人意的环境中，却依然能微笑着面对生活的话，那这种微笑就不仅仅只是一个动作，而是出于一种对生活的领悟，一种对人生的豁达。正是从这个意义上，微笑是一缕源自于心灵的阳光，她倾洒在我们的身上，于是，我们的生活才会越过越灿烂，越来越光明。

有一个真实的故事：

大街的尽头住着一个老人，他孤独，年迈，而且脾气暴躁。对他而言世界是冰冷无情的。

然而，一个女孩对他简简单单的表现出了一丝善意，那就是她每天上学放学经过的时候，都会给窗边的老人一个微笑。久而久之，奇迹发生了。老人每天都盼望小女孩从他家门前走过。就这样年复一年，直到有一天，老人的身影从窗口消失了。

几天后，一位律师拨通了小女孩家的电话，告诉她："你每天都向他打招呼的那位老人4天前去世了。这是他的遗嘱'我将我所有的一切都留给那个用甜甜的微笑给我的生命带来一缕阳光的小女孩'。"一个微笑让孤独的老人在最后的日子里感到温暖。

我们也可以带给身旁的人一缕阳光，在与别人的交往过程中，让我们把友善的微笑变成沟通的语言。

用微笑去关爱别人，去感化周围的人，去影响周围的人吧，让每个人的脸上都露出灿烂的笑容。生活中既有阳光雨露，也有风雨交加；既有快乐幸福，也有悲伤失落。亲爱的朋友们，振作精神，无论发生任何事情，都要微笑着面对这个世界。

这正如很多事情，我们常常说要顺其自然，而不要去斤斤计较，更不应该老是存放在心里以至堆积成疾，最好是做一个拿得起放得下的人。我们是这样说，但又有多少人能真正做得到呢？相反，生活在喧嚣浮华的尘世中，我们总有太多太多的东西不能释然开怀。

学会微笑常快乐

我们的心，也正因为有了太多太多的牵挂，便常常叫我们身处茫茫尘世难以取舍，也终难以一种超然的心态去面对每一天的生活。

如是，我们就累，就烦，甚至痛苦。这样的话，我们的心就如阴翳遮蔽，难见灿烂的阳光；我们的脸，也好似愁云密布，永难看出那微笑的迹象。或许，在这样的时分，痛苦与忧愁，又像决堤汹涌的河水，正向了心岸肆意漫涨，冲击着我们脆弱的情感；而微笑，隔山隔水隔了重重天，早离我们十万八千里遥远。微笑更像未来的一个幻影，是再也难寻其美丽的芳踪了。

我们确实很难微笑。当然，是指那种发自灵魂深处的自然的微笑。事实上，生活中我们要么强颜欢笑，要么干脆就不苟言笑。我们的心灵日渐麻木，对人对事几乎都不产生任何感受。甚至，还滋生出些许自我厌烦的情绪，总因为自己本来应该这样可实际上却成了那样的缘故，而一味地求全责备，怨恨自己。在这种不健康心态的驱使下，我们看待生活的眼光便蒙上了一层可怕的灰色。于是，就在这样一种可怕的灰色的笼罩下，我们感觉到身外的整个世界都是灰色的；我们的心，更仿佛为那阴沉浓郁的烟雾紧锁，而始终表现出一副世事两茫茫的样子。

平时走在大街上，我就很佩服那些捡垃圾的"拾荒者"。其中多数是些体弱衰残的老人，他们整日里踯躅行走于大街小巷，或冒着炎炎烈日，或迎着纷飞细雨，一概避开眼前繁华云烟的诱惑，而用了极为"专业"的眼光去搜索，去拾取那些人人都嗤之以鼻然而对于他们来说却是奉为至尊的宝物。于其中，也许有人难耐寂寞，因而走出家门加入"拾荒者"一族，但不可否认的是，有些老人却由于生活的无奈而走上了拾荒的道路。不过，他们当中无论是谁，每每碰到了自己所需的"宝物"的时候，那满是沧桑的脸上，都会自然而然流露出发自内心深处的快意的微笑。在他们看来，世界那么大，也那么精彩，可却又是那样的虚幻不真；这一切，均比不上手中拾得的东西来得真切，来得实惠。而能真切的生活，实实在在的过好每一天，就是这一群阅尽人间沧桑的老人最为朴实的心愿，也是最为快意的一件事情啊！所以，尽管日日面对着艰辛无助的生活，但只要他们的前方依然还有一丝可以拾取的希望的话，那么，他们也会发出常人不易察觉的、卑微渺小的却又是自在的微笑来。

我同样很欣赏我身边一位年长的同事说的一句话。他说，即使我身上只剩下一块钱，我也要微笑着面对生活。我看他说话的表情并不玩笑，而是认真的。而且，他不光这样说，也是这样做。更重要的还是，他的"做"也不是矫揉造作，而是源自心灵的一种自然的行为。我知道，由于种种原因，他虽然工龄比我们长，但工资却比我们少。就他那一点点钱，不但要维持家中日常生活，而且还要供养他的两个孩子念大学。应该说，他的生活的确是相当艰难了。然而，即使这样，对人对事他始终面带微笑，从来就不曾见过他忧愁满脸的模样。每当别人问他何以能如此微笑面对生活的时候，他总是淡淡一笑，说："不这样生活，难道我目前还能有更好的方式来生活吗?"他不太会说话，可看似笨拙的一句话，却给了我们深刻的思考。

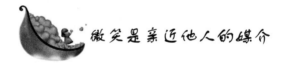

微笑是亲近他人的媒介

面对一个微笑的人，你会感到他的自信、友好。同时这种自信和友好也会感染你，你便油然而生出自信和友好来，使你和对方亲切起来。微笑是一种含义深远的身体语言。微笑是在说："你好，朋友! 我喜欢你，和你在一起我感到愉快。"微笑可以鼓励对方的信心。微笑可以融化人们之间的陌生和隔阂。当然，这种微笑必须是真诚的，发自内心的。正如英国谚语所说："一副好的面孔就是一封介绍信。"微笑将为你打开通向友谊之门。如果我们想要发展良好的人际关系，保持积极的心态，那么我们非要学会真诚和发自内心的微笑不可。

眼前将会有更多的变数、更多的失落、更多的背叛，也会有更多的疑惑、更多的烦恼、更多的辛酸，但是我们带着心中的微笑，穿过世事的云烟，就可能沉着应变，努力耕耘，收获果实，并提升认知，强健心弦，驶向幸福彼岸。

地球上的生灵中，唯有人会微笑，群体的微笑构建和平，他人的微笑导致理解，自我的微笑则是心灵的净化剂。忘记微笑是一种严重的生命疾患，一个不会微笑的人可能拥有名誉、地位和金钱，却一定不会有内心的宁静和真正的幸福，他的生命中必然有隐蔽的遗憾。

我们往往因成功而狂喜不已，或往往因挫折而痛不欲生。当然，开怀大笑与号啕大哭都是生命的自然悸动；然而我们千万不要将微笑遗忘，唯有微笑能使我们享受到生命底蕴的醇香，超越悲欢。

他人的微笑，真伪难辨，但即使是虚伪的微笑，也不必怒目相视，仍可报之以粲然一笑；即使是阴冷的奸笑，也无妨还之以笑颜。微笑是战斗，强似哀兵必胜，那微笑是给予对手的包含怜悯的批判。

微笑无须学习，生来俱会，然而微笑的能力却有可能退化。倘若一个人完全丧失了微笑的心绪，那么，他应该像防癌一样赶快采取措施，甚至对镜自视，把心底的温柔、善良保存、复制，把对他人的真诚、友好找回、归置，从一个最淡的微笑开始，重构自己灵魂的免疫系统，再次将胸怀拓宽。微笑吧！向着天边的一缕阳光；在每一个春天，面对着地上的第一棵青草；在每一个起点，遥望着也许还看不到的地平线……

相信吧，从一个微笑开始，那就离成功很近，离幸福不远！

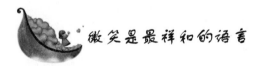

微笑是最祥和的语言

微笑可以拉近人与人之间的距离，微笑可以化解人与人之间的尴尬气氛，可以让陌生人变得熟悉起来。

心灵若是堆满灰尘，心胸容易狭隘；心灵若是一尘不染，心胸则无限宽广。

微笑是最祥和的语言。

用微笑面对每一天、每个人、每一件事，心中就不会堆积烦恼，世间的纷争也会减少。

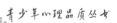

期待大地亮丽，资源不短缺，必须先从学会珍惜开始。

媒体如同一把双刃刀，可以导人为善，也会引人偏差；可以美化人生，也可扰乱人生。若可发挥自己的使命感，尽好自己的本分，社会就能更祥和。

生命虽然很有价值，如若不能很好地利用，等于没有价值。

面对困难，要勇于接受挑战，借助于人生之经历，锻炼出柔软似水、坚硬似刚的精神。

生老病死是自然的法则，是每个人必然经历的过程，透视生命，明白生命的源头，就不会害怕死亡。

能以爱心、耐心、平常心和智慧来教育孩子，则天下没有教育不好的孩子。

一个人的爱心愈多，积聚的福就愈大，凝聚的力量就能无限发挥，这个世界就能更加美好。

对于生命，谁都没有所有权。无常一来，呼吸一止，则万事皆休。

社会的希望在教育，一个好的老师，不仅要教给孩子知识，更要教给孩子良知良能，更好地发挥自己的智慧。

别人站得远，我们就站得近，距离便会缩小；别人冷漠，我们就热情，就会逐渐热络。唯有主动付出，才有丰盛的果实得以收获。

 微笑是和谐的象征，是和谐的花蕊

微笑是美好的，微笑是世间最纯洁无瑕的笑容。微笑是和谐的象征，是和谐的花蕊！大街上邂逅，尽管我们素昧平生，但我送你一个微笑，你像朋友一样还我一个微笑，你我可以，大家都可以，那世界是多么的美好！和谐的社会是现代人民所向往的，只要大家肯努力，和谐社会将离我们不远了。

微笑，嘴角微微往上，一个简单的动作，摄影时经常被提醒的"茄子"、"田七"，带来的快乐却是无穷的。

说到微笑，想起几年前在《读者》杂志上看到一个外国的小故事。故事讲的是一个出租车司机，从早晨开始，他对每一个乘坐他的车的客人微笑，把快乐传给每一个人。一天下来，他自己也无比的快乐。

在生活中，让我们生气、痛苦、无奈的事有很多，也许在当时的情境下，我们无法去微笑，但是不管怎么样，事情过去了，这时，我们再微笑一下，告诉自己下次不要再这样了，心情也会愉快一些。

在公众场所，尤其是在上下班高峰时期的公交车上，难免会遇到拥挤，甚至在急刹车时有的人会倒在别人的身上。如果踩到别人的脚时，微笑地说一声对不起，那个被踩的乘客也不会有过多地埋怨了。要是大家都这样，车厢里就不会发生争吵的现象了。

在网络里如果不用视频，我看不到你的脸庞，如果你加上了一个"笑脸表情"，我便马上能感受到你的微笑，很直观，也增进了感情。

让我们把所有的烦恼，所有的不悦都抛掉吧，让我们一起微笑，不仅是在今天，在以后的每一个日子，都留下你的微笑。

微笑看似简单，却胜过千言万语，里面包含了对彼此的信任、赞许、肯定……总之，一切美好的事物都尽在其中，用心体会你一定能知道。微笑看似平凡、简单，但它充满了友善。

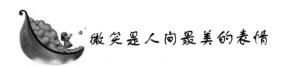

微笑是人间最美的表情

微笑，人间最美的表情，当它凝聚在脸上时，将给以人们无限的遐想和希冀。面对成功，我们微笑，似阳光下的白云朵朵；面对失败，我们微笑，如阴雨天空的点点星光。

微笑，以心点燃心；微笑，以梦想超越梦想；微笑以萌芽播种萌芽；微笑，以希望映衬希望。

微笑，是满载天真的梦，即使深夜也在身旁；微笑，是吹拂面庞的清风，倘使微弱也饱含遐想。

15

微笑，像嫩叶上的露珠，似房顶上的白雪，在新鲜的空气里徜徉；微笑，如流淌的清泉，若浪花上的小水滴，不论艰难险阻也令人无限向往。

面对失败，我们微笑，我们将用乐观和憧憬期盼未来；面对挫折，我们微笑，我们将以勤奋和努力创造希望。

我相信，微笑将是所有人的生活准则。有了微笑，我们的成长路上充满阳光；有了微笑，我们面前的明灯照耀在前方。

面对朋友友好的眼光，我们用微笑回答，面对劲敌的轻蔑一瞥，我们依然用微笑回答。微笑，最美的表情，最美的语言，最美的心灵充满的，永远是真心诚意的微笑。

微笑给自己自信，给他人自信。微笑给自己鼓励，给他们鼓励。有了微笑，生活将是多么美好！

悲观者说：希望是地平线，即使看得见，也永远走不到；乐观者说：希望是北斗星，即便是乌云团团的黑夜，也一定在前方。以微笑面对世界，以微笑面对生活，我们将发现，无数神奇的大门正向我们敞开着，生活如此绚丽多彩！

面对自己，微笑。面对他人，微笑。面对世界，微笑。我们会发现：我们在微笑中不知不觉地改变了，变得开朗了，变得宽容了，变得豁达了，变得从容了。

人在微笑中改变了，人变了，世界也就变了。

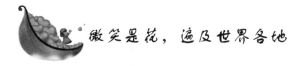

微笑是花，遍及世界各地

三毛去过很多的国家、很多的地方，要说景色的美丽各有千秋，但是有一件事情是让她牢记在心的，那就是"微笑"。

和法国人混久了，也沾染了法国人的习气，跑到一个地方，第一个注重的就是人们有没有微笑，从进海关开始，如果检查员对你微笑，你立刻会感觉到这是一个友善的国家，虽然你对它还一无所知；如果每个人都是严肃的，无形之中就会感觉到压力，以前没有好好去体会这一点。但是她的那些喜欢抱怨的法国朋友们非常在意这一点，所以养成了她也喜欢去观察微笑的习惯。

每个人的面部器官都是一样的，有些人长得好看一些，有些人长得一般，但有一点相同，就是微笑的脸一定比严肃的时候好看很多，有魅力得多。好好回想一下是不是这样呢？大城市的人脸部大都冷漠，而小地方的人神情相对地就比较放松。在上海，我们常常说只要看一个人的神情就知道他是不是上海人，无论他穿得有多时髦。但是那股神情却是怎样也模仿不来，有点势利，有点骄傲，唯独缺少笑意。

旅行到了阿根廷，正好碰到选美游行，到处路都被封锁，一个外国人在街上游走，三毛看美女，别人看三毛，碰到不让通行的地方，只要对着卫兵展开微笑，就立马通行无阻，这是三毛第一次真正感受到微笑的力量。

经历了这么多的签证，印象最深刻的是巴西的一位女签证官，不为别的，就因为她自始至终的微笑，并且在给三毛签证的时候对她说："欢迎到巴西来，希望你会喜欢这里。"那样明媚的笑容让她立刻对巴西产生了好感和向往。

对世界微笑吧，世界才会对你展开微笑！

微笑是花，遍及世界各地，不论是炎炎烈日还是冰天雪地，它都坚定热烈地绽放着，它时而绽放在孩子的酒窝中，时而绽放在老人的皱纹里，它的身影可以越过高山，飞越海洋，出现在地球的每一寸土地上，它是一种无须翻译的世界上最美的最简单易懂的语言。

微笑是阳光，洒遍每个角落，它驱走你心底的阴霾，为你送上一方晴空；它用热情融化所有的冷漠，在你心里留下一条奔腾的河；它用五彩斑斓的颜色点缀你乏味的生活，每天陪你唱着欢乐的歌，人生因为有了微笑而绚烂，灵魂因为有了微笑而温暖。

微笑着去唱生活的歌谣，不要抱怨这一路上的艰辛和磨难，相信苦难过后会有甘甜，相信风雨之后会有晴天；微笑着去唱生活的歌谣，就算一次次跌倒，必胜的信心也不要受到丝毫的阻挠，如果生活给了你1000次的失败，那么请你坚持信念，第1001次地从失败中站起来，大胆地走出来，去迎接成功，迎接希望。

17

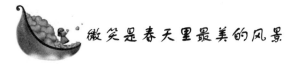微笑是春天里最美的风景

涟漪，是湖水的微笑；霞光，是清晨的微笑；

春风，是大地的微笑，微笑，是自然的太阳。

微笑，是春天里最美的风景。男人的微笑可以如梦，女人的微笑可以似花。男人的魅力和女人的妩媚，尽可蕴涵在不言的微笑之中。

你给别人以微笑，别人回报你以友情。你什么也没付出，却得到了一份珍贵的感情馈赠。

微笑，如同是天上的太阳，给人以温暖；微笑，如同是明净的月亮，给人以安详；微笑，是会让你温馨愉悦；微笑，会使你的家人欢娱快乐。

微笑，会使陌生人感到亲切；微笑，会使朋友感到安慰；微笑，会使亲人感到轻松；微笑，会使人类永远是春天。

妈妈的微笑，能使孩子感到亲切；父亲的微笑，能使孩子感到慈祥。老师的微笑，能使学生们用心学习；领导的微笑，能使下属努力工作。

一位哲人说得精彩：微笑无需成本，却能创造出许多价值。微笑使得到它的富有，却并不使献出它的人们变穷。

我喜欢微笑，无论是在工作场合，还是在对朋友、对家人、对亲友，我都会用微笑来回报他们对我的爱。

微笑具有亲和力，能化干戈为玉帛，能使坚冰融化。微笑能使即将要爆发的战争得以制止。微笑是人与人之间的黏合剂，微笑能使人际关系有良好的改善。

微笑着面对生活，微笑着面对危险，微笑着面对坎坷的人生，微笑着面对所有关爱你的亲人和朋友。

当你微笑着走向世界的时候，所有的艰辛和磨难不但不能奈何你，反而更衬托出你那从容不迫的风度。

微笑并不会破坏深沉，只会给深沉注入轻松。有人以为，一个深沉的人，是不苟言笑的。如果深沉真是这样，那么我宁肯不要深沉。生活已经够沉重的了，为什么要为了一种莫名其妙的深沉活得更累呢？我喜欢轻松，因此，我喜欢微笑。

微笑与强颜欢笑有着根本的区别。微笑，是愉悦心灵的折射；强颜欢笑，是悲泣心灵的掩护。如果笑不出来的时候，最好别笑。否则，强颜欢笑让别人的感官受刺激，也让自己的心灵更受伤害。

大笑容易使人觉得张狂，浅笑容易使人觉得小气，狂笑极易生出乐极生悲的结果，阴笑更是让人不寒而栗，毛骨悚然。微笑貌似平平淡淡，其实却是恰到好处。它既是一种单纯，也是一种丰富；它既是出于礼貌，更是发自内心。

的确，微笑是春天里最美的风景。

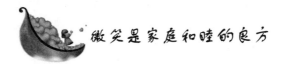

微笑是家庭和睦的良方

俗话说："笑口常开，青春常在。"发自内心深处的微笑，能使生命永远飘溢着青春的气息。

如果一个人长相不好，就让自己有才气；如果才气也没有，那就总是微笑。微笑是上帝赐给人的专利。微笑是一种令人愉悦的表情。

微笑，是欢乐绽放在容颜田野上的一枝临风吐蕊的芳菲之花，它能驱散生活的阴霾与污浊，永远带给人们欢欣快乐。在成功者面前，微笑是无形的嘉奖；在失败者面前，微笑是难得的鼓励；朋友间简单一笑，可包容千言万语也难以尽诉的知心话；陌生者相识时的相互一笑，是互致问候的最佳明信片。生活五彩缤纷，却总不免磕磕碰碰，烦烦恼恼。但只要有了微笑，矛盾就顿然冰释，干戈便化为玉帛。

不会微笑的人，永远不可能理解微笑的内涵，永远体味不到微笑的魅力，永远也嗅不到微笑这朵鲜花馥郁的浓香。

妻子从丈夫的微笑和赞美中得到的是爱的信息。这种信息，是女人保持激情的源泉。

有位日本人，他与妻子相处得很紧张，面临着离婚的危险。他的心理医生告诉他："你没有什么毛病，就是不会微笑。"他听了以后并未十分在意。第二天早晨，妻子拿衣服来给他穿，他忽然想起心理医生的话，朝妻子微笑了一下。妻子惊讶之余欣喜若狂，于是做了一顿十分丰盛的晚餐，等着他回来吃。吃晚餐的时候，他又想起医生的话，便又笑了一下。结果，夫妻关系竟一天天好起来。他的妻子幸福地对别的女人说："我觉得像新婚一样。"这位丈夫，什么都没有做，仅仅是微笑就挽救了这桩婚姻。有许多男人，在外面对别的女人嘻嘻哈哈，一回到家里就对自己的妻子满脸"阶级斗争"，这便造成夫妻间的感情不和。

我有一位女友在回忆因车祸死去的丈夫时说："每次他的朋友们来我家吃饭，我下厨房去炒菜，他一定要等我上桌再吃饭。他总是在朋友面前夸耀说：'我最爱吃我妻子做的菜。'他的朋友们都很羡慕他有一个漂亮能干的妻子。我心里很高兴，多累也不嫌烦……"

夫妻之间要互敬互爱，对别人的关心要及时表示感谢，对别人的成绩也要及时表示赞美。

父母之间这种微妙的合作，会直接影响到孩子，他们也会学着与他人友好地合作。美国一位心理学家在他的著作中曾写过这样一段发人深省的话：

如果孩子生活在批评中，他便学会谴责；

如果孩子生活在敌视中，他便学会好斗；

如果孩子生活在恐惧中，他便学会忧心忡忡；

如果孩子生活在鼓励中，他便学会自信；

如果孩子生活在受欢迎的环境中，他便学会钟爱别人；

如果孩子生活在安全中，他便学会相信自己周围的人们；

如果孩子生活在友谊中，他便会觉得他生活在一个多么美好的世界。

试想，我们的孩子从小能够生长在一个充满文明、祥和、赞美和友谊的氛围中，那么，他们一定会是有情有义、有合作能力、善于与他人友好相处的乐观的人，他的一生将充满爱，充满快乐和成功。作为妈妈的你，一定会倍感欣慰，觉得自己的一生辛苦没有白费，你奉献给了人类一部最辉煌的作品。

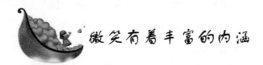

微笑有着丰富的内涵

在生活中，微笑有着丰富的内涵。

微笑是自信的象征。有的人即使在遇到严重困难时，也仍然保持微笑，好像若无其事。这种微笑充满着自信和力量，就像有一种超凡的魔力。它像阳光一样，可以驱散阴云，把许多人的沮丧、阴郁、恐惧、苦恼的情绪一扫而光，有利于困难的解决。

微笑是礼貌的表示。一个懂礼貌的人，微笑之花会永远开放在他和她的脸上，使接触到他的人感到亲切，愉快。

微笑是和谐的体现。在现实生活中，如果人人脸上都带着微笑，就会使置身其中的人感到融洽，平和。这种微笑好像有一种磁力，能够使许多人的心灵相通、相近、相亲。微笑也常被当做一种交际手段。

有的人只对有利于自己的人微笑，对自己的部下、对晚辈则不微笑，仿佛有损于自己的尊严。这种人的笑，不是出自内心，而是一种假笑，它只能使人厌恶。微笑有时也可能是内心忧郁的表露，这种微笑就像阴天过后的太阳，偶尔从云朵的缝隙中露出一点淡淡的光。真诚的微笑是心理健康的标志。能发出真诚微笑的人，总是乐意帮助别人，愿意分担他人的忧伤，减轻他人的痛苦，也愿与人共享快乐。这种共享快乐同分忧伤的感觉，是心理健康的一个重要标志。

善于微笑的人，通常是快乐的且有安全感的人，也常能使别人感到愉快，是情感成熟的表现。健康、愉悦的微笑能增进人际关系，也是不良心理的一剂解药。可见，微笑能净化情绪，消除郁积的紧张和压力，使人们的生活得到鼓舞，情趣盎然。

微笑是心灵间绽放出来的花朵；微笑是云层里展露出来的新月；微笑是河柳上嫣然的霞光；微笑是阑珊处明媚的灯火。微笑的魅力，穿越时空，令所有灵魂向往和回顾。微笑的光芒照彻大地，令所有的郁积溶解和消化。微笑从心间开放而超然心间，微笑绽放在脸上而芬芳世界。从灰暗和冷酷走过的人会逐渐明白，要享受明媚的阳光和如梦的星辰，必须学会奉献微笑，欣赏微笑。否则你的月儿永远不圆，你的星辰永远不亮。

微笑是一种高度。真正的微笑需要我们终生攀登。谁能一辈子面对尘世苍茫，面对雪雨风霜，而保持一种悠然温暖的笑意，他就是一轮普照人间的太阳，令我们阅尽人间的春色，欣赏天堂的风光。

微笑是一种深度。蒙昧的愚人是没有微笑的；庸俗的市侩是没有微笑的；高傲的狂徒是没有微笑的；浅薄的浪子是没有微笑的；贪婪的政客是没有微笑的。微笑从书香里走来，微笑从博爱中走来，微笑从宽容中走来。微笑来自不能及的世界，她是精神涅槃后穿透云翳，永不凋零的春光。

微笑是一种风度，是一种美妙绝伦的气质。一个人无论高矮、无论胖瘦，无论绚丽和平常，只要她总是以动人的微笑面对世界，那么她总是优美的、亲切的、从容的。

微笑是一种生活态度。当我们明白人存在的意义，让自己活得更精彩，那就要勇挑重担，饱经历练，跨越人生一个又一个的门槛，成为鲤跃龙门的飞跃。结果通常令人期待，但在实现梦想的过程中，必须经历艰难困苦、披荆斩棘，时时经受家庭、事业、情感、疾病的困扰。在艰苦的自我挣扎的过程中，我们要学会释怀，学会微笑，学会勇敢，学会时刻保持一颗平常心，无论承担受多大的打击，人还是要生存下去，意志不能消沉，尝试从不同的角度去审视生活。用你的微笑化解迷茫，用你的行动挑战自我，用你的笔墨谱写人生，用你的快乐亮丽心灵。生活需要自信，需要勇气，更需要微笑，因为我们需要一种快乐的生活方式。只有微笑，才能展现自信；只有微笑，才能感染别人；只有微笑，才能洋溢快乐。我们不要把自己的微笑有所保留，更应该主动地向你的家人、同事、朋友展示你真诚的微笑。

 ## 微笑处处可见，微笑时时都有

微笑处处可见，微笑时时都有。我家邻居女孩每天下班回来满脸灿烂，欢声笑语。问其何故，她告诉了我其中的原因：

我每天早上都坐地铁，在高碑店站下车后，再跟同事拼车去上班。在高碑店地铁站，有一位工作人员大姐，每天都要微笑着和我打招呼。

高碑店城铁站上下车的乘客并不多，站内也总是那样干净，整洁。那位大姐就是身穿绿色制服，把守检票口的工作人员。我们的相识只是从点头微笑开始。下班的时候，不是那么匆忙，有时还会闲聊几句。

"好几天没看见你了，出差了吗？"

"呵呵，出去旅游了。"

虽然是普通的闲聊，也让人觉得亲切。然后带着愉快的心情，坐车回家。

微笑来源于家庭和爱，它是温暖的，有力量的。早晨出门的时候，我是微笑的。因为醒来后老公说的第一句话是"我爱你"。在阳台上看绚烂的朝霞，天高云淡，心里是宁静、快乐的。还因为早上我们都睡到自然醒了，工作的疲劳消失得无影无踪，可以从容地开始新的一天，迎接新的生活。

微笑同时又是传递的。在邻居、同事、熟人或陌生人之间，没有了那么多的紧张和对立，有的是理解、宽容和会心的一笑。如果每天我们去做、去感激、去珍惜，那一定是有益身心健康、家庭和睦、社会和谐的。

对他人微笑，是对他人的理解和欣赏，是赞美，是关爱，是一种最美妙的信息。对他人来说，你的微笑是一朵美丽的花，是夜幕里闪烁的星，是冬天里的一把火，是夏日里一股清凉的风，送来了美丽与愉悦。

第一章 微笑的礼赞：人生如画，从微笑开始

23

群体的微笑，是人间开放的最美丽的花朵，繁花似锦，五彩缤纷。在大自然的春天里才会有万紫千红，在成功的企业里才会有群体的微笑。微笑，是最高贵、最美丽情感的流露。当企业中每一个人都在会心微笑，自己由衷的微笑，对他人真诚的微笑，那就是这个企业的至善至美之境吧！

微笑就像一面镜子，将你心中的纯洁善良折射出来，传递自身的气质。微笑是幸福的诠释，微笑是快乐的意义，微笑是温暖的真谛，微笑是挫折的鼓励，微笑是坚强的象征。

微笑能指引着我们撞击出心灵深处最美的爱意，微笑又如一曲轻柔动人的乐曲，使我们的心灵自由惬意地旋转……

微笑的人是快乐的，微笑的面孔是年轻的。生活需要微笑，微笑处处可见，微笑时时都有。让我们微笑着面对生活，微笑着去颂唱生活的美好。

赞美微笑，微笑似蓓蕾初绽

赞美微笑，因为微笑是人类最基本的动作。微笑，似蓓蕾初绽。真诚和善良，在微笑中洋溢着感人肺腑的芳香。微笑的风采，包含着丰富的内涵，它是一种激发想象力和启迪智慧的力量。在顺境中，微笑是对成功的嘉奖。在逆境中，微笑是对创伤的理疗。这时你心里光明澄静，如登仙界，如归故乡。眼前浮现的微微笑容一时融化在爱的情感里惹人柔柔暖暖。

战国·楚·宋玉的《登徒子好色赋》有："含喜微笑，窃视流眄。"

汉·张衡的《思玄赋微笑图片集萃》有："离朱唇而微笑兮，颜的砾以遗光。"

宋·冯去非的《喜迁莺》词有："送望眼，但凭舷微笑，书空无语。"

清·沈复的《浮生六记·闺房记乐》有："回眸微笑，便觉一缕

情丝摇人魂魄。"

柔石的《二月》一有:"一副慈惠的微笑,在他两颊浮动着。"

赞美微笑,因为我们生活在繁杂的世间,不是每天都有好心情,不是每个人都会微笑,只有发自内心的微笑才最灿烂。我们生活的空间不是每天都是艳阳高照,所以,我们也苦闷彷徨过,在我们相识的一瞬,那淡淡的微笑,给你我一点阳光的感觉。一句赞美的话语,让你自信起来。不要太吝啬你赞美的语言,哪怕就是一句面带微笑的"您好"!微笑是一种心态,微笑能带给你以外的收获。微笑着面对生活,生活会给你丰厚的回报。眼睛看到了你的美,身心体味到了你的美。于是就大声的赞美,大声地喊出米:美,就在我们的身边,无时无刻的存在。微笑与赞美携手而来,鲜花绿叶相伴般和谐!学会微笑是一种品位,学会赞美是一种分享,愿我们在微笑与赞美中欢畅,传递爱的音符,奏出美的旋律!

赞美微笑,因为微笑,是人的一种自然表情,但却蕴含着无穷的魅力。就像早晨天边的那一抹绯红的云霞,是初春原野上一枝盎然的春绿,是穿透云隙射向大地的一缕阳光,是安然宁静的一方晴空。早上起来,就对着镜子先给自己一个微笑,那么你一天的心情都会是晴朗的;走在路上,给遇到的每个人一个微笑,那么你的心花就会悄然绽放,似有春风在心间荡漾。

赞美微笑,因为微笑,不仅向世人展现了你的友好,你的善良,也展示了你的自信,你的坚强,你的豁达。试想,一个自卑自怜的人,一个自怨自艾的人,一个心胸狭窄的人,又怎么会有微笑?如果说小女人的微笑是纯真的,少女的微笑是羞涩而又甜蜜的,那么,只有那些历经磨难的,仍然坚定着自己的信念,走过风雨,仍然坦然面对世事的人,才会有最轻松、自然的微笑。却往往能给人的心灵轻轻的震颤,给人以无穷的力量。一个喜欢微笑的母亲,一定是满足的;一个喜欢微笑的女人,一定是幸福的。

赞美微笑,因为微笑,是一缕清风,可以扫去我们心中无意结成的芥蒂;微笑,是一把钥匙,可以打开锈蚀多年的心锁;微笑,是一弯彩虹,可以在你我他之间驾起一座美丽的心桥!微笑是种子,谁播种微笑,谁就能收获美丽。崇高的微笑,不但能体验美,还能

25

收获美。微笑胜过一切肢体语言和文字。微笑就是一种德行！彼此的微笑，伴随春日迸发出新的希望。那时，微笑、感谢、赞美将成为你生活中永远的习惯，生命中永恒的品质！

赞美微笑，因为人生里有三宝，就是那么真诚，简单的：点头，微笑，赞美！

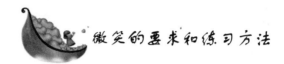 微笑的要求和练习方法

1. 微笑的要求

微笑不可以假装。应该笑的真诚、适度、合时宜。想要笑得好很容易，只要你把对方想象成自己的朋友或兄弟姐妹，就可以自然大方、真实亲切地微笑了。

微笑要发自内心。当一个人心情愉快、兴奋或遇到高兴的事情时，都会自然地流露出这种笑容。这是一种情绪的调节，是内心情感的自然流露，绝不是故作笑颜、故意奉承。发自内心的微笑既是一个人自信、真诚、友善、愉快的心态表露，同时又能制造明朗而富有人情味的生机活力。发自内心的真诚微笑应该做到笑到、口到、眼到、心到、意到、神到、情到。

微笑要适度。虽然微笑是人们交往中最有吸引力、最有价值的面部表情，但也不能随心所欲，随便乱笑，想怎么笑就怎么笑，不加节制。试想一个这样的场景：在餐厅吃饭时，坐在你对面的是你的一位朋友，你对他微微一笑，可能他会觉得你非常欢迎他与你共同进餐。可当你面前坐的是一位陌生人的话，你吃一口饭对他笑笑，吃一口饭，抬头看见他，又笑笑，这样一次两次可以，如果次数多了，就会让对方不自在：这个人是不是有问题？他也许会以最快的速度换到别的位置上去。所以说，笑得得体、适度，才能充分表达友善、诚信、和蔼、融洽等美好的情感。

2. 微笑的练习

练习微笑的时候，先要放松面部肌肉，然后使嘴角微微向上翘

起，让嘴唇略呈弧形。最后，在不牵动鼻子、不发出笑声、不露出牙齿，尤其是不露出牙龈的前提下，轻轻一笑。

第一阶段——放松肌肉

放松嘴唇周围肌肉就是微笑练习的第一阶段，又名"哆来咪练习"的嘴唇肌肉放松运动，是从低音哆开始，到高音咪，大声地清楚地说三次每个音。

不是连着练，而是一个音节一个音节地发音，为了正确的发音应注意嘴型。

第二阶段——给嘴唇肌肉增加弹性

形成笑容时，最重要的部位是嘴角——如果锻炼嘴唇周围的肌肉，能使嘴角的移动变得更干练好看，也可以有效地预防皱纹。

如果嘴边儿变得干练有生机，整体表情就给人有弹性的感觉，所以不知不觉中显得更年轻。而微笑前要伸直背部，坐在镜子前面，反复练习最大地收缩或伸张。

张大嘴：张大嘴使嘴周围的肌肉最大限度地伸张。张大嘴能感觉到颚骨受刺激的程度，并保持这种状态 10 秒。

使嘴角紧张：闭上张开的嘴，拉紧两侧的嘴角，使嘴唇在水平上紧张起来，并保持 10 秒。

聚拢嘴唇：使嘴角紧张的状态下，慢慢地聚拢嘴唇。出现圆圆的卷起来的嘴唇聚拢在一起的感觉时，保持 10 秒。

保持微笑 30 秒：反复进行这一动作 3 次左右。

用门牙轻轻地咬住木筷子：把嘴角对准木筷子，两边都要翘起，并观察连接嘴唇两端的线是否与木筷子在同一水平线上，保持这个状态 10 秒。在第一状态下，轻轻地拔出木筷子之后，练习维持那状态。

第三阶段——形成微笑

这是在放松的状态下，根据大小练习笑容的过程，练习的关键是使嘴角上升的程度一致。如果嘴角歪斜，表情就不会太好看。练习各种笑容的过程中，就会发现最适合自己的微笑。

小微笑：把嘴角两端一齐往上提，给上嘴唇拉上去的紧张感。稍微露出 2 颗门牙，保持 10 秒之后，恢复原来的状态并放松。

普通微笑：慢慢使肌肉紧张起来，把嘴角两端一齐往上提，给上嘴唇拉上去的紧张感。露出上门牙 6 颗左右，眼睛也笑一点。保持 10 秒后，恢复原来的状态并放松。

大微笑：一边拉紧肌肉，使之强烈地紧张起来，一边把嘴角两端一起往上提，露出 10 颗左右的上门牙。也稍微露出下门牙。保持 10 秒后，恢复原来的状态并放松。

第四阶段——保持微笑

一旦寻找到满意的微笑，就要进行至少维持那个表情 30 秒中的训练。尤其是照相时不能敞开笑而伤心的人，如果重点进行这一阶段的练习，就可以获得很大的效果。

第五阶段——修正微笑

虽然认真地进行了训练，但如果笑容还是不那么完美，就要寻找其他部分是否有问题。但如果能自信地敞开地笑，就可以把缺点转化为优点，不会成为大问题。

嘴角上升时会歪：意想不到的是两侧的嘴角不能一齐上升的人很多。这时利用木制筷子进行训练很有效。刚开始会比较难，但若反复练习，就会不知不觉中两边一齐上升，形成干练而老练的微笑。

笑时露出牙龈：笑的时候特别露很多牙龈的人，往往笑的时候没有自信，不是遮嘴，就是腼腆地笑。自然的笑容可以弥补露出牙龈的缺点，但由于本人太在意，所以很难笑出自然亮丽的笑。露出牙龈时，通过嘴唇肌肉的训练弥补弱点。

挑选满意的微笑：以各种形状尽情地试着笑。在其中挑选最满意的笑容，然后确认能看见多少牙龈。大概能看见 2 毫米以内的牙龈，就很好看。

反复练习满意的微笑：照着镜子，试着笑出前面所选的微笑。在稍微露出牙龈的程度上，反复练习美丽的微笑。

拉上嘴唇：如果希望在大微笑时，不露出很多牙龈，就要给上嘴唇稍微加力，拉下上嘴唇。保持这一状态 10 秒。

第六阶段——修饰有魅力的微笑

如果认真练习，就会发现只有自己拥有的有魅力的微笑，并能展现那微笑。伸直背部和胸部，用正确的姿势在镜子前面边敞开笑，边修饰自己的微笑。

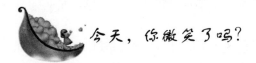 今天，你微笑了吗？

法国作家拉伯雷说过这样的话："生活是一面镜子，你对它笑，它就对你笑，你对它哭，它就对你哭。"如果我们整日愁眉苦脸地生活，生活肯定愁眉不展；如果我们爽朗乐观地对待生活，生活也一定以灿烂回报。所以，既然现实无法改变，当我们面对困惑、无奈时，不妨给自己一个笑脸，一笑解千愁。

笑不仅可以解除忧愁，还能提高人体免疫力，增强体质，治疗各种病痛。微笑能加快肺部呼吸，增加肺活量，能促进血液循环，使血液获得更多的氧，从而更好地抵御各种病菌的入侵。

生理学家巴甫洛夫说过："忧愁悲伤能损坏身体，从而为各种疾病打开方便之门，可是愉快能使你肉体上和精神上的每一现象敏感活跃，能使你的体质增强。药物中最好的就是愉快和欢笑。"

笑声还可以治疗心理疾病。印度有位医生在国内开设了多家"欢笑诊所"，专门用各种各样的笑："哈哈""开怀大笑""吃吃"抿嘴偷笑、抱着胳膊会心地微笑等等来治疗心情压抑等各种疾病。在美国的一些公园里都辟有欢笑乐园。每天有许多男女老少在那里站成一圈，一遍遍地哈哈大笑，进行"欢笑晨练"。

笑不仅具有医疗作用，在生活中它还能产生人们意想不到的作用。古代有个王子，一天吃饭时，喉咙里卡了一根鱼刺，医生们束手无策。这时一位农民走过来，一个劲地扮鬼脸，逗得王子止不住地笑，终于吐出了鱼刺。

雪莱说过："笑实在是仁爱的表现，快乐的源泉，亲近别人的桥梁。有了笑，人类推感情就沟通了。"笑是快乐的象征，是快乐的源泉。笑能化解生活中的尴尬，能缓解工作中的紧张气氛，也能淡化忧郁。一对夫妻因为一点生活琐事吵了半天，最后丈夫低头喝闷酒，不再搭理妻子。吵过之后，妻子先想通了，便想和丈夫和好，但又感到没有台阶可下，于是她便灵机一动，炒了一盘菜端给丈夫说：

"吃吧，吃饱了我们接着吵。"一句话把正在生闷气的丈夫给逗乐了，见丈夫真心地笑了，她自己也乐开了。就这样，一场矛盾在笑声中化解开来。

既然笑声有这么多的好处，我们有什么理由不让生活充满笑声呢？不妨给自己一个笑脸，让自己拥有一份坦然，还生活一片笑声，让自己勇敢地面对艰难。这是怎样的一种调节，怎样的一种豁达，怎样的一种鼓励啊！

赫尔岑有句名言说："人不仅要会在快乐时微笑，也要学会在困难中微笑。"人生的道路上难免遇到这样那样的困难，时而让人举步维艰，时而让人悲观绝望，漫漫人生路有时让人看不到一点希望。这时，不妨给自己一个笑脸，让来自于心底的那份执著，鼓舞自己插上理想的翅膀，飞向最终的成功。让微笑激励自己产生前行的信心和动力，去战胜困难，闯过难关。

清新、健康的笑，犹如夏天的一阵大雨，荡涤了人们心灵上的污泥、灰尘及所有的污垢，显露出善良与光明。笑是生活的开心果，是无价之宝，但却不需花一分钱。所以，每个人都应学会以微笑面对生活。

那么，今天你微笑了吗？没有的话，那么现在就让你的嘴角就往上翘一翘吧！

第二章　真诚的微笑：真心实意、坦诚相待、信任的笑

　　微笑，是我们每个人都具有的面部功能。有时候，微笑可以使一个人变得开朗；有时候，微笑可以给人带来宽慰。

 真诚的微笑，能够感染他人

莎士比亚曾说：如果你一天中没有笑一笑，那你这一天就算是白活了。美国一位心理学家也认为，会不会笑，是一个人能否对周围环境适应的尺度。这话未免有些夸张，但是真诚的微笑，的确能够感染他人。

微笑，是我们每个人都具有的面部功能。有时候，微笑可以使一个人变得开朗；有时候，微笑可以给人带来宽慰。

为什么要微笑呢？因为微笑是人类的天赋，我们不能浪费它。更重要的是，我们往往能通过一个人微笑的外表，看到他内心的真诚、热忱与自信。真诚、热忱、自信，能够融化世界上的一切坚冰。没有发现哪个重要人物，出席重要场合是不面带微笑的。在亚太经合组织会议上，各国首脑总是笑容满面、从容镇定地出现在镜头前面，因为他不仅仅代表自己，更代表着他的国家和人民。即使在日常生活中，也没有谁愿意跟一位整天横眉立目或愁眉苦脸的人打交道，甚至和他打招呼。微笑，几乎可以成为我们每个人前行当中的护身符。

一位老师如果每天都微笑着上课，那他的学生就会被感染，那么这节课的气氛就会很活跃；如果一位差生每次回答完问题时，老师对着他微笑点头的话，那么这位学生也许就会改变，加入优等生的行列中。一位同学，如果他每天面对老师都是微笑的，那么他的一天收获可能是最多的，因为微笑，他的笑颜都把他周围的人感染了，人家看到他微笑，就知道他今天的心情很好，大家都愿意和他在一起，分享他的快乐……这都源于微笑，所以我们说微笑是每个人必不可少的。

我们来做个实验：先做一个微笑的表情，来体会胸腔的变化。微笑，即嘴角上扬。怎么样？有什么感觉？这样一做，胸中立刻豁然开朗。我们说办事强求不成，不求不成，唯变通可成，这样一笑就有了运作的空间，就有了回旋的余地。因此，微笑着是好办事的。一个微笑的表情，可以用几个成语来形容它：喜上眉梢，眉开眼笑，眉飞色舞、笑容可掬、心花怒放。难怪有人说，我们脸上一微笑，实际上你的心在笑，肝也在笑，胃也在笑，身上的每个细胞都在笑。多好啊！我们知道，微笑时，我们的肌肉、神经，全身都是放松的、快乐的，这当然有利于我们的健康；有利于我们的智商发挥（经常听人们说，一紧张脑子一片空白、什么都忘了，如果全身放松的话，就会处于最佳状态）；有利于我们的情商控制（所谓盛怒之时微笑三秒，就可以化干戈为玉帛），这是对于我们个人而言的。对于周围的人，他们一定可以受到您饱满情绪的感染。朋友的拥戴，领导的信任，部下的支持，是一个人走向成功的助推力。

微笑能够传递人类最美丽、最亲切的语言，人与人之间最短的距离就是微笑，不是吗？空姐的微笑，使初次乘坐飞机的老大爷消除了紧张情绪；白衣天使的微笑能让患者感到亲人般的温暖，使患者尽快康复；乘务员的微笑，让乘客感觉到家一样的温馨；税务人员的微笑让纳税人无法抗税漏税，正是这微笑的面孔，化解了多少难以解决的矛盾，提升了多少种工作的质量和水平。歌唱家唱歌时面带微笑给观众和蔼的面容；领导者批评人面带微笑那是一种领导特有的艺术；经营者给人微笑会赢得顾客的好评；教师微笑对待学生那是对学生的一种尊重。

微笑是笑中最美的，面带微笑的人比起紧绷着脸的人，在经营、教育等方面更容易获得效果。产生误解时微笑，表示胸怀大度；在窘迫时微笑，有助于冲淡紧张气氛。微笑表示人的气度和乐观精神，烘托人的形象和风度之美。在拥挤的人群中你不小心踩到别人的脚，如果你有一个歉意的微笑，就会化解即将发生的不愉快。有这样一个故事：说是百货商店里有个穷苦妇人，领着一个约4岁的男孩在转，走到一架快照摄影机旁，孩子拉着妈妈的手说："妈妈，让我照一张相吧？"妈妈弯下腰，把孩子额前头发捋在一旁，很慈祥地说："不要照了，你的衣服太旧了。"孩子沉默片刻，抬起头来说："可是，妈妈，我仍会面带微笑的。"这个小男孩所讲的正是一种纯正的、甜蜜的微笑，这种微笑的确与衣服的新旧无关了。

第二章　真诚的微笑：真心实意、坦诚相待、信任的笑

真诚微笑的人，富有魅力

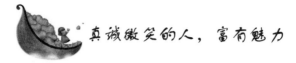

真诚微笑的人，富有魅力，人人喜爱。微笑，被人们称为"成功的秘诀"。

权威调研数据显示，善于微笑服务的人，很少与他人发生摩擦，业绩也大大高于脸色阴沉冷漠的业务员。从某种角度来讲，微笑就意味着财富，意味着生意兴隆，意味着企业生机勃勃、蒸蒸日上，意味着成功！

卡耐基在他的《人性的弱点》中介绍了一个因为微笑而获得成功的例子：

纽约百老汇大街证券交易所有名的经纪人斯坦哈特，过去是个严肃刻薄、脾气暴戾的人，以至他的雇员、顾客甚至太太见他都恐避之不及。后来，他请教了一位心理学家，学会了微笑，一改旧习，无论在电梯里还是在走廊上，不论是在大门口还是在商场，逢人三分笑，像普通的职员一样虔诚地与人握手。结果，不仅夫妻和睦相处，相亲相爱，而且顾客盈门，生意兴隆。从这个意义上说，微笑是一笔财富。

这个例子告诉我们，微笑是事业的风帆。

微笑是一种修养，是一种风度，是成功者共有的特征。

一个阴云密布的午后，由于瞬间的倾盆大雨，行人纷纷进入就近的店铺躲雨。一位老妇也蹒跚地走进费城百货商店避雨。面对她略显狼狈的姿容和简朴的装束，几乎所有的售货员只看了她一眼，就各顾各地忙着理货，对老太太不搭不理，唯恐老太太麻烦他们。

这时，一个叫菲利的年轻售货员诚恳地走过来微笑着对她说："夫人，我能为您做点什么吗？"

老妇人莞尔一笑："不用了，我在这里躲会儿雨，雨停了就走。"
老妇人随即又心神不定起来，不买人家的东西，却借用人家的屋檐躲雨，似乎不近情理，于是，她开始在百货店里转起来，哪怕买个头发上的小饰物呢，也算给自己的躲雨找个心安理得的理由。

正当犹豫徘徊时，那个小伙子又走过来微笑着说："夫人，您不必为难，我给您搬了一把椅子，放在门口，您坐着休息就是了。"两个小时后，雨过天晴，老妇人向那个年轻人道谢，并向他要了张名片，就走出了商店。

几个月后，费城百货公司的总经理詹姆斯收到一封信，信中要求将这位年轻人派往苏格兰收取一份装潢整个城堡的订单，并让他承包自己家族所属的几个大公司下一季度办公室用品的采购订单。詹姆斯惊喜不已，匆匆一算，这一封信所带来的利益，相当于他们公司两年的利润总和！

他在迅速与写信人取得联系后，方才知道，这封信出自那位曾在商场躲过雨的老妇人之手，而这位老妇人正是美国亿万富翁"钢铁大王"卡耐基的母亲。

詹姆斯马上把这位叫菲利的年轻人，推荐到公司董事会上。毫无疑问，当菲利打起行装飞往苏格兰时，他已经成为这家百货公司的合伙人了。那年，菲利22岁。

随后的几年中，菲利以他一贯的忠实和诚恳，成为"钢铁大王"卡耐基的左膀右臂，事业扶摇直上，成为美国钢铁行业仅次于卡耐基的富可敌国的重量级人物。

是什么让菲利轻易地与"钢铁大王"卡耐基攀亲附缘、并肩齐举，从此走上了让人梦寐以求的成功之路呢？是微笑。

有一位哲人说过："你拥有了微笑，你就同样会拥有成功。"

生活和工作中不能缺少微笑。如果我们能够永远保持笑容，不仅会有益于健康，而且也会成为事业成功的巨大动力。

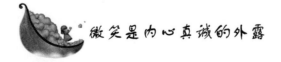

微笑是内心真诚的外露

笑，是人人天生就会的。微笑，是一个人内心真诚的外露，它具有难以估量的社会价值，它可以创造难以估量的财富。

第二章　真诚的微笑：真心实意、坦诚相待、信任的笑

35

微笑服务是一种力量，它不但可以产生良好的经济效益，使其赢得高朋满座，生意兴隆，而且还可以创造无价的社会效益，使其口碑良好，声誉俱佳。在服务市场竞争激烈、强手林立的情况下，要想使自己占有一席之地，优质服务是至关重要的。而发自内心的微笑，又是其中的关键。事实上，微笑服务是服务工作中一项投资最少、收效最大、事半功倍的措施，是广为各个服务行业和服务单位所重视、提倡、应用的。

所以，很多公司在招聘员工时，以面带微笑为第一条件，他们希望自己的员工脸上挂着笑容，把自己的公司推销出去。

2008年，美国联合航空公司被两家亚洲旅游刊物评为"北美最佳航空公司"。联合航空公司宣称，他们的天空是一个友善的天空、微笑的天空。的确如此，他们的微笑不仅仅在天上，而且从地面便已开始了。

有一位叫珍妮的小姐去参加联合航空公司的招聘，她没有什么明显的优势。最后她却被录取了，这其中的原因是什么呢？那就是因为珍妮小姐脸上总带着微笑。

令珍妮惊讶的是，面试的时候，主试者在讲话的时候总是故意把身体转过去背着她，这位主试者不是不懂礼貌，而是在体会珍妮的微笑，因为珍妮应聘的职位是通过电话工作的，是有关预约、取消、更换或确定飞机航行班次的服务。

那位主试者微笑着对珍妮说："小姐，你被录取了，你最大的资本就是你的微笑，你要在将来的工作中充分运用它，让每一位顾客都能从电话中体会你的微笑。"

虽然可能没有太多的人会看见她的微笑，但他们通过电话，可以知道珍妮的微笑一直伴随着他们。

一个大公司的人事经理曾说道："我宁愿雇用一个没上完小学但却有愉快笑容的女孩子，也不愿雇用一个神情忧郁的哲学博士。因为微笑是工作人员的基本要求，也是公司最有效的商标，比任何广告都有力，只有它能深入人心。"

在现实生活中，没谁会轻易拒绝笑脸，微笑在人际关系交往中最具神奇魔力。特别是在服务行业中，微笑是最好的财富，微笑是最简单、最省钱、最可行，也是最容易做到的服务。

微笑服务是服务态度中最基本的标准，是把握服务热情度最好的外在表现形式，微笑给人一种亲切、和蔼、礼貌的感觉，加上适当的敬语会使客户感到宽慰，微笑也是尊重客户的一种极好的方法。

全国劳动模范、北京王府井百货大楼售货员张秉贵，他站了一辈子柜台，接待过几百万顾客，他的"一团火"精神受到人们的交口称赞。他除了有娴熟的服务技术外，更有一颗火热的心，他全心全意为顾客服务，他的微笑温暖着每一位顾客，不仅使顾客买到了称心如意的商品，同时还获得了可贵的精神享受。

有一次，有个上级领导想了解一下实情，他来到柜台前，张秉贵主动问："请问，您要点什么？"领导做不悦状，回答说："我要的东西多了，你能给吗？"张秉贵仍然满面笑容，接着问："您买点什么？"领导又假装不高兴地回答："我不买东西看看还不行吗？"

张秉贵一看自己的问话有漏洞，又改口道："请问您看点什么？"领导满意地露出笑容。张秉贵始终像一团火，温暖着千万人的心。

微笑是沟通人与人之间情感的桥梁，对于服务行业而言，更是至关重要，客人总是因为看到服务人员温和的微笑，判断对店铺的整体印象和办事态度，有时候，无声的微笑比语言更有力量。在生活中，再普通不过的一个微笑，若融入服务行业之中，将它演绎为一种工作态度，一种生活方式，那就能带来众多的商机和不可估量的经济效益。

沃尔玛的创始人山姆·沃尔顿曾说过这样一句精彩的话："我们的老板只有一个，那就是我们的顾客，是他付给我每月的薪水，只有他有权解雇上至董事长的每一个人，道理很简单，只要他改变一个购买习惯，换到别家商店买东西就是了。"

美国一位老太太在一家日杂店购买了许多商品后遇到了店老板，老太太说："我已经12年没到你的店来了，12年前，我每周都要到你的店买东西。可是，有一天，一位店员满脸冰霜，态度实在糟糕，所以我到其他店购买商品了……"老板听完，赶忙道歉。老太太走后，老板算了一笔账：如果老太太每周在店里消费25美元，那么，12年就是1.56万美元，按照最保守的估算，他至少损失了

1000 美元的利润，而这仅仅是因为缺少了一个微笑。

　　不懂得微笑服务的员工使顾客避之唯恐不及。从中我们可以看出，服务工作的优劣，经济效益的高低就体现在微笑服务里。

　　微笑服务如此重要，一个员工如果连起码的微笑服务都做不到，又怎能得到广大客户和社会的信任与支持呢？只有把微笑服务贯穿到整个工作过程中，才能使其发挥更好的服务作用。一个微笑的招呼、一句微笑的问候都能拉近我们与顾客之间的距离，使顾客感觉到心贴心的温暖，感到我们是用心在为其服务，从而起到稳定客户、提高销量的作用。

　　放眼世界，展望未来，在未来社会的竞争中，每个企业微笑服务，将以崭新的姿态与大家见面。我们的企业、我们的公司、我们的员工如果能在经营和服务过程中，见人就微笑以待，讲话则微笑相伴，如此还怕做不好服务，还担心顾客不满意吗？总之，微笑是永不过时的通行证，任何时候都少不了它。微笑服务应该成为服务行业员工甚至所有工薪人员的座右铭，并将它切实贯彻于自己的职业行为之中。

歌唱代表了微笑最本质的精神

　　歌唱包含了微笑的态度，在失败的时候，你仍有歌唱的勇气吗？在绝望的时候，你还会记得最爱的歌词吗？在人生路上，迷失方向、不知所措的时候，你会记得且唱且行吗？无论如何不要忘了，歌唱代表了微笑最本质的精神。

　　因为一次医疗事故，他在 4 个月大时成了聋儿，在母亲竭尽全力的教导下，他终于理解了每个事物都有自己的名字，并慢慢学会开口说话。普通话说得甚至比一般孩子还标准。可是一进学校，他的助听器还是引起了其他孩子的好奇。有时他听不清楚老师提的问题，答非所问，也会招来哄堂大笑。这一切都让他很沮丧，他恨不得把助听器摔烂，再也不去学校。

母亲安慰他，他不听，哭着问："为什么我和别人不一样？"母亲回答，他是医生一针给打聋的。他哭得更厉害："我恨他。我要找他报仇！"母亲难过地别过头："找不到了，就是找到了，你的耳朵也是这样了。"

他只能接受现实，并比其他同学更努力。小学时的听写课，同学们只需记住单词，他还要记住单词的次序，老师嘴巴动一个，他就写一个，同样拿了满分。他甚至报名参加北京市、区中小学生朗读比赛，第一次上台吓得双腿发抖，害怕自己吐字不清晰，或者忘词。望着众多正在注视他的听众，他终于鼓足勇气开口，结果获得了一等奖。

努力总有回报，他一直是学校骨干，并且日益自信起来。

可是，因为是聋儿，仍然有尽了努力也无法做到的事情，譬如音乐课的考试。那天音乐课下课时，老师说："大家都准备一下，明天考试，要唱《歌唱祖国》。"其他的同学都嘻嘻哈哈的不当回事，他却犯难了。他一直不大会唱歌，难以把握节奏。回家后，他愁眉苦脸，母亲就一边弹钢琴一边教他唱。一个小时、两个小时、三个小时过去了。他的嗓子都嘶哑了，但还是跑调。节奏很对，但他完全是在"说歌"，一个字一个字无比认真地说。母亲摸摸他的头说："考试时你就这样唱吧。"他说"好。"母亲又严肃地叮嘱道："可能大家会笑，但是你自己不能笑，坚持把歌唱完。"

第二天音乐考试，轮到他上台了。他舔舔发干的嘴唇，跟着节奏开始"唱"歌。第五句的话音才落，教室里的同学已经笑翻了天。他不理会，在笑声中仍然继续自己的歌唱。他就这样一丝不苟地跟着节奏把歌"唱"完了。

教室里不知何时已经安静了下来，他突然发现，同学和老师的眼睛里都有些亮晶晶的东西。接着，他看到了同学们在使劲地鼓掌。

他就是梁小昆，曾多次参加专题电视节目制作，是电影《漂亮妈妈》中郑大的原型。时下他正在北京电影学院攻读硕士研究生。在摄影界已经小有名气，而且前不久刚在北京"东方新天地"举办了自己的个人摄影展。

至今，梁小昆都非常喜欢唱歌，每次去卡拉 OK，必唱无疑。他并不避讳自己的跑调，但求能够唱出个性。他深信，不管歌声是否动听，歌唱，首先是一种态度，包含着努力、尊严、坚持和快乐……

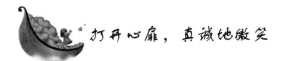

打开心扉，真诚地微笑

微笑是一种社交处世的技巧，它不仅可诠释文明，还可显示出一个人的品德与涵养。一个甜美的微笑可以博得同时和上司的信任，让人刻骨铭心；一个甜美的微笑可以赶走他人的忧郁，营造和谐气氛；一个甜美的微笑更可以促进自己与他人间的沟通，令你成为受人欢迎的人。

生活中，很多人都会抱怨任务繁重，人情淡薄，但不满的同时你是否会审视一下自己？每个人都是感情丰富的综合体，即使是从未谋面的陌生人，只需一个真诚的微笑，就能消融冷漠，拉近彼此的距离。因为，微笑向人传递的是一种友好、宽容和接纳，它是拉近双方心理距离的法宝，只有学会微笑，才能更容易地走进对方的世界。

江南一个小镇上，住着一位非常有钱的商人，但他终日郁郁寡欢，很不快乐。有一天，这位商人无精打采地在路边散步，忽然听见身后传来一阵愉悦的笑声，原来是一位小女孩正用天真的眼神望着他，并给了他一个甜甜的微笑。商人面对着这样一副天真无邪的面孔，顿时心胸豁然开朗，像这位小女孩一样保持微笑多好，为什么要终日郁郁寡欢呢？

第二天，这个商人便收拾行囊开始去旅行，临走前还留给小女孩一笔巨款。这个小镇上的人都非常吃惊，不知道为什么商人会将一大笔钱留给一个素不相识的小孩子呢？小女孩天真的笑着说："其实我什么都没有做，只是送给他一个真诚的微笑而已！"

只是一个简单的微笑，却可以为小女孩带来巨额的财富，尽管有些难以置信，但这正体现了微笑的力量，小女孩用最纯真的微笑感化了商人近乎崩溃的心灵，使他重新看到希望，从而能够继续追求梦想和快乐。

微笑是职场中的调试剂，虽然只需简单的一瞬间去完成，却能事半功倍，让你享受对方的欢迎。

戴尔·卡耐基被誉为 20 世纪最伟大的心灵导师和成功学大师，是美国现代成人教育之父，他曾经说过："任何时候，一声笑抵过一百声呻吟。"

卡耐基年轻时常常会被苦难的经历所累，他的父亲去世很早，母亲为养育 5 个孩子日夜操劳，一年冬天，他的 3 个兄弟先后被天花、红热、伤寒等疾病夺去了性命。为了维持生计，卡耐基开始沿街叫卖，但呆滞的表情和忧郁的目光成了顾客与他之间最大的隔阂，谁愿意和愁眉苦脸的人做生意呢？当卡耐基意识到这一问题后，就立志要改变自己。

卡耐基每天早晨都会用 15 分钟的时间进行洗漱，然后对着镜子强迫自己绽开笑容，带着笑容出门生意好了很多，生活也因此有了转机。但长时间强迫自己微笑使卡耐基又烦又累，因为笑容是虚假的，只是为了招揽顾客，多挣几个钱而已。虽然卡耐基竭力调整自己的内心，但由于自己生活在危机中，缺乏安全感，生活没有任何保障，恐惧不安和焦躁疑虑始终都围绕在他身边，越是强颜欢笑越觉得内心忧郁。

后来，卡耐基终于想通了，要真心地微笑，必须懂得开心地生活，即使生活贫穷也应该在贫困中寻找快乐。此后，卡耐基脸上始终绽放着真心的微笑，他的生活与事业也随之悄悄地好转起来。当卡耐基走进别人的办公室时，他会稍作停顿，先想一想接下来该说什么，然后面带微笑走进去，因为真心的微笑可以感染别人。当秘书小姐看到他的微笑，也会微笑着去通知上司，然后将他领进老板的办公室；即使是打电话卡耐基也会面带微笑，他在电话机前挂一面小镜子，一边与客户通话，一边从镜子中看自己的表情，事实证明面带微笑的人时时处处会受到欢迎，即便打电话也是如此。

微笑具有神奇的魔力，虽然它是无声的，但依然可以传递快乐、赞赏、同情、认定、同意、尊敬等含义。《如何消除内心恐惧》一书

41

就曾指出："你向对方微笑，对方也报以微笑，他用微笑告诉你：你让他体验到幸福感。由于你向他微笑，使他觉得自己是一个受别人欢迎的人，所以他也会向你报以微笑。换言之，你的微笑使他感到了自己的价值地位。"

工作中，当你对别人直言相劝或是批评对方的错误时，送上一个真诚的微笑，也可以将尴尬和不快化解，即使"良药"也不会苦口；当你和朋友或同事因观点不同而争论不休时，送上一个真诚的微笑，对方也会明白你"休战"的意思，双方的感情也不会因此打折；当别人向你鸣不平，私下议论其他人时，展现一个真诚的微笑，对方即会读懂你的想法，从而忘记烦恼，避免飞短流长。

虽然工作中有很多不愉快，但不可因此压抑自己的真情实感，如果你对他人有好感，或者是你希望别人能够接受、认可自己，首先要学会打开心扉，真诚地微笑。这样，你会发现其实工作起来很愉快，也能很容易得到他人的关心和帮助。

 ## 真诚的微笑更能打动人心

微笑是一种充满朝气、传递快乐的表情，它在职场中发挥着重要的作用，即使笑而不语也可以瞬间将双方的心理距离大大缩短。可以说微笑就是一种通用的世界语言，没有什么比送上一个真诚的微笑更能打动人心的了。

县城一条最繁华的大街上有四个擦鞋的小摊，一男三女，男的是个哑巴，但他的顾客却是最多的。哑巴的擦鞋技术并不是最高的，擦鞋价格也不便宜，他也从不会用软磨硬泡的伎俩招揽顾客，他送给顾客的只是认真的态度和灿烂的微笑。哑巴的家境很贫寒，妻子也是聋哑人，两人交流只能通过手语，但他们更多的时候是会心的微笑，高兴时相互送出一个微笑，分享快乐；痛苦时送出一个微笑，相互慰藉。虽然生活很艰苦，但两人永远都是息息相通。哑巴为省钱，经常不吃午饭，但他依然很乐观，微笑也同样真诚，擦鞋的顾客往往都会被哑巴感染，成了他的回头客。

　　一个简单的微笑就是一种信息，它可以向对方传递内心的真诚，犹如无声的语言悄悄地促进人与人的沟通。拿破仑·希尔就曾这样说："真诚的微笑，其效用如同神奇的按钮，能立即接通他人友善的感情，因为它在告诉对方：'我喜欢你，我愿意做你的朋友。'同时也在说：'我认为你也会喜欢我的。'"

　　一名应聘者去某公司参加面试，当他走进大厅，发现这里设施简陋，是一家刚刚成立不久的公司，条件也并没有自己想象中那么优越，脸上立刻堆满了不悦。应征时老板一看到他的表情就丧失了继续交谈下去的兴趣，最终草草结束面试，可想而知这位应聘者没有得到这份工作。而另一位面试者从迈进办公室到最后离开始终面带微笑，并显得十分虚心，他对老板说："如果我能够得到这份工作，会十分开心，并会以百分之百的热情投入到工作中。"老板对这位应聘者很有好感，很快就通过面试录用了这位年轻人，并告诉这位应聘者正是他的微笑让人看到了真诚与坚定。

　　微笑是一种通用的语言，即使你不善于微笑，也要尽量让笑容挂满脸庞，无论来自哪里，也不管语言是否相通，性格是否合得来，但微笑都是一样的，它是快乐的体现，是满意、赞赏、感激的反映。微笑不但能表达你对他人的信任与善意，还会暗示对方你就是值得我微笑的人，一旦对方察觉你的微笑，就会产生被承认和被肯定感，因此任何人面对微笑都会心情舒畅，无需语言都能实现心灵的沟通。

　　小王是一名股票经纪人，由于工作压力大，他逐渐养成了孤僻的性格。虽然已经结婚18年，但他很少同家人一起娱乐，始终是一副极其严肃的面孔，这让他的家庭气氛很压抑，同时也使他失去了不少生意上的机会。当小王听说了微笑的力量之后，决定用一周的时间去尝试一下。

　　第二天洗漱完毕后，小王对着镜子鼓励自己微笑，当他带着微笑和一位最近很让自己头疼的客户谈判时，对方似乎被小王的微笑所感染，谈判也进行得相当顺利，而这位"难缠"的客户最后也成为了小王的朋友。

　　事后谈及此事，这位客户说，自从同小王认识从未看到过他一

第二章　真诚的微笑：真心实意、坦诚相待、信任的笑

次微笑，这令他出现了抵触情绪，故而生意久谈不成，但当小王微笑着出现在客户面前时，这位客户激动不已，因为他在小王的微笑中看到了信任和善意。小王对此惊奇不已，微笑居然有如此大的力量，此后无论是和家人还是同陌生人打交道，他都会面带微笑。他的家庭后来因此更和睦，事业也蒸蒸日上。

工作时，在与同事交往的过程中，一定要保持微笑，将最真实的笑容献给对方。给他人一个浅浅的微笑，就相当于用最美好的语言赞美对方，这样，你的职场人脉也会因此取得意想不到的收获。

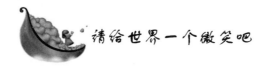

请给世界一个微笑吧

人生总有喧嚣，有喧嚣所以有宁静。面对喧嚣和宁静，我们不会刻意地去避让或者直面，无论我们深陷还是背离，都有可能是不知不觉中的事情。

生命中有没有这样一个时刻，当所有的喧嚣靠后，像坐在火车上看移动的景，心底会有一处闲潭，那里栖息着静默的鸟群，鸟眼里是清淡的天空和波光粼粼的水面，清脆的鸟鸣传递的是一种说不清或者道不明的想望，潭边零星散生着不知名的绿草，叶子长得肥美圆润。绿的色彩一眼望过去，漫无边际的柔软便袭上心头。

一阵风拂过，水面起了一阵涟漪，鸟群有了一些动静，有的还扇动翅膀，欲乘风高飞。准备好放逐心灵了吗？是啊，文字，我们忠实的伙伴已经守候多时。让我们独自面对它吗？独自面对文字，面对的也是我们的心情，像站在高台上望大海，潮水涌动，涛声阵阵，这时，我不希求别的，只求能跟在你的后面，听你讲潮起潮落的故事，去体会人生巅峰时的壮丽与辉煌，也思索低谷时的黯淡与迷茫。等到一切重又归于宁静，你或许已在梦乡沉睡，我会希冀成为你窗前的风铃，只是在偶尔有风时发出一些叮咚的声音，也只愿这声音不会惊动我对你如一的微笑。静静的角落，纯洁的白莲花，香气自顾轻盈。

透过窗户，可以看见一排树木，散发着淡淡的香气，树梢是深浅不同的绿，恐怕是接受到不同程度太阳光的缘故吧。是樟树，有碧绿的叶子，长得粗壮时是极好的绿荫。猛地，有一棵小树激烈地摇动了一下，我想可能是行走的车辆不小心撞到了，再或者是路人因为无聊摇动了它。紧接着，它猛烈地晃动起来，频率越来越快，忽地，就倒了。仔细回想，它原本是那样一棵不合时宜的小树，枝条瘦弱，枝干间见不到一丝绿色，要不是那一排夺目的绿撞入眼帘，就忽视了这里还有一帧冬天的画页，许是沉默了太久，也难见春色，所以就这样被结束了生命。中午吃饭时，看见树根只剩下一个光秃秃的坑，在这满园春色的阳光下，心里陡然生出一点凄凉。生活中，有多少破败的枝枝丫丫存在于我们的生命细节里，我们也会像对待这棵小树一样砍倒它们吗？

是的，我们可能不会去砍倒它们。萧瑟的冬不会影响春天绽放的美丽的花朵！

那么，请给世界一个微笑吧！

清晨，当你伸着懒腰从床上爬起，别忘了深吸一口气，给太阳一个微笑，告诉太阳，今天会有它一样的热情投入到工作中去；当你随着拥挤的人群走入新的一天时，别忘了给陌生人一个微笑，用眼神告诉他们，今天大家都会很快乐；当你坐在宽敞的办公室，接听到客户的电话时，别忘了用最清晰的嗓音，传递出你的笑意，告诉他们大家合作一定会非常顺利；当你走路不小心摔倒了，别忘了对着伤口呼一口气，轻轻地笑笑，告诉自己，伤痛会过去；当年迈的老人上到公交车上，别忘了让出自己的座位，搀扶着他们坐下；当劳累了一天，回到家中，别忘了给爱人一个拥抱，微笑着说，爱需要两个人来演绎……

远离家乡，父母不在身边，别忘了常常打电话回家，在电话里用清脆的笑声告诉父母，一切都好，不要操心；当童稚的孩子追着你问，微笑是什么东西？别忘了，给他们灿烂的微笑，告诉他们，我们大家都是世界的种子，微笑给了我们快乐！

一个人，从初降人世到终老其生，这其间，我们在路上，一直在路上，我们微笑，也对世界微笑，因此快乐无穷！

45

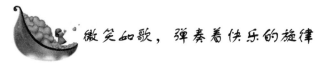
微笑如歌，弹奏着快乐的旋律

生活在大千世界中，我们面对世界的博大与苍茫，偶有痛苦爬满心藤，偶有忧虑成为我们前行的路障，但如果我们心若洞箫，微笑就如歌伴我们走过世态炎凉。如果我们情似烈火，快乐就会同我们共度哀伤。

把一个大大的笑容置放于我们的脸上，那么情也酣畅，意也酣畅。

走过这如梦的日子，以恬淡之心，默默地承受和接受，心之旅程在经历苦涩和迷茫之时，我们应该留意途中有那么多的小花儿在悄悄地为你开放，送给你一路的喜悦，一路的清爽，那是生命的呼唤与等待，那是如约而来的欢心和鼓舞。

于人海中艰难地寻找属于自己的空间，在生活中苦苦地跋涉每一条孤独的小径，面对这温馨的日子，用心去读它并且爱它，那么，你的心就有阳光的照耀，你的思绪的旷野就不再荒凉。

邻家有位大妈，虽一生苦痛演化成深深的皱纹，勾勒着她苍老的容颜，然而她在人生的暮年，仍以一种极大的热情和欢愉善待生活，并小心翼翼地用微笑把她最后的路程装饰得相当灿烂。

我曾问她："你有那么多磨难，为什么你的脸上却挂满了笑容？"她微笑作答："来一回不易，活一天就要快乐一天，受过那么多苦，如今留给我笑的时间不多啦。"

我听后不禁为她达观的态度所感动。

微笑如歌，在我们生活中默默地弹奏着快乐的旋律；微笑如歌，在我们的生命里悄悄流淌着沸腾的血液；微笑如歌，在我们的心灵中悄然绽放灿烂的花朵。

一个微笑就是开启心锁时那清脆的一响，一个微笑就是打开心窗时那豁然的一亮，微笑就是你快乐的语言，就是你生活的阳光，只要你心存一份坦然，面对这世界的一切，那么如歌的微笑就会成为你生命腾飞的一双翅膀。

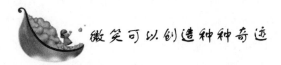
微笑可以创造种种奇迹

微笑构筑和平，微笑导致理解，微笑净化心灵，微笑激励斗志。微笑的人生，是乐观的人生，是顽强的人生，是将风暴雷电黑云纷纷赶跑的风姿，是阳光洒在脸颊上春光明媚的美丽。

关于微笑的话题太多太多，关于微笑的故事也太多太多。很小的时候，我便知道一个故事。

一位漂亮活泼的美国少女，在一场突发事故中烧伤了右脸。由于神经受损，她的右脸不忍目睹，而且永不再有任何表情。少女的父母对责任者提出了上诉。法庭上，律师先让少女将烧坏的右脸对着陪审团，陪审席上的专员们个个都面露同情和痛惜状。律师接着让少女把完好的左脸转向他们。她的左脸上挂着动人无比的微笑，左右反差之大，令人心惊。很快，陪审团就一致裁定肇事方败诉，并立即支付伤者大额赔偿金。这个判决结果表明，法庭上确定了微笑的作用。

有一则颇令人回味的故事。在西班牙内战时，一位国际纵队的普通军官不幸被俘，被投进了森冷的单间监牢。即将被处死的前夜，军官搜遍全身竟发现半截皱巴巴的香烟。军官想吸上几口，缓解临死前的恐惧，可他没有火柴。再三请求之下，铁窗外那个木偶似的士兵总算毫无表情地掏出火柴，划着火。当四目相撞时，军官不由得向士兵送上了一丝微笑。令人惊奇的是，那士兵在几秒钟的发愣后，嘴角不太自然地上翘，最后竟也露出了微笑。后来两人开始了交谈，谈到了各自的故乡，谈到了各自的妻子和孩子，甚至还相互传看了珍藏的与家人的合影。当曙光渐明即将行刑时，那士兵竟然悄悄地放走了他。微笑，沟通了两颗心灵，挽救了一条生命。

一个微笑可以走进人的心灵，一个微笑可以挽救一个生命，一个微笑可以创造种种奇迹，可见微笑的力量真的是举足轻重、不容忽视。

20 世纪 30 年代，一位犹太传教士每天早晨总是按时到一条乡间土路上散步。无论见到什么人，他总能热情地打一声招呼："早安"。

其中，有一个叫米勒的年轻农民，对传教士的这声问候起初反应冷漠。在当时，当地的居民对传教士和犹太人的态度是很不友好的。然而，年轻人的冷漠，未曾改变传教士的热情，每天早上，他仍然给这个一脸冷漠的年轻人道一声早安。终于有一天，这个年轻人脱下帽子，也回敬传教士一声："早安"。

好几年过去了，纳粹党上台执政。

这一天，传教士与村中所有的人被纳粹军队送往集中营。在下火车列队前行的时候，有一个手拿指挥棒的军官，在前面挥动着棒子，叫道："左，右。"被指向左边的是死路一条，被指向右边的则还有生还的机会。

传教士的名字被这位指挥官点到了，他浑身颤抖，走上前去。当他无望地抬起头来，眼睛一下子和指挥官的眼睛相遇了。

传教士习惯的脱口而出："早安，米勒先生。"

米勒先生没有过多的表情变化，但还是问候了一句："早安"。声音低得只有他们两人才能听到。最后的结果是：传教士被指向了右边——意思是生还者。

人是很容易被感动的，而感动一个人靠的未必都是慷慨的施舍，巨大的投入。往往一个热情的问候，温馨的微笑，也足以在人的心灵中洒下一片阳光。

不要低估了一句话、一个微笑的作用，它很可能使一个不相识的人走近你，甚至爱上你，成为你开启幸福之门的一把钥匙，成为你走上柳暗花明之境的一盏明灯。有时候，"人缘"的获得就是这样"廉价"而简单。

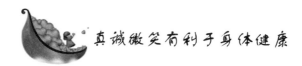

真诚微笑有利于身体健康

发自内心的真诚微笑，不仅能给人愉悦，同时也有利于自己的身体健康。研究表明，人类大脑有一个"发笑中枢"，位于丘脑的后部。"发笑中枢"同大脑皮质有密切联系，外界环境的各种刺激输入大脑皮质，进行综合分析，其中某些愉快的兴奋冲动就传给"发笑中枢"。笑与哭一样，都属于人类情感的一种表达方式，只有真实、自然，才能对人体产生有益的作用。

医学专家曾经把笑的作用归纳为十大好处：增强肺的呼吸功能、清洁呼吸道、抒发健康的情感、消除精神紧张、使肌肉放松、有助于散发多余精力、驱散愁闷、减轻社会束缚感、有助于克服羞怯情绪、能乐观对待现实。

在生活中我们似乎生来就会微笑，很多人不屑地说："笑，谁不会？"的确，笑是人类的天性，人人都能笑。人类至少有18种独特的笑，如：温馨的笑、开怀的笑、腼腆的笑、幸福的笑、阴冷的笑、奸诈的笑，等等。微笑是一个简单的表情，心情舒畅时人们往往难以掩饰，会不由自主地溢于言表。但是，如果遇到困难、挫折与烦恼时，你还能把微笑挂在嘴角吗？不论什么情况下，你都能把真诚、友好自信的微笑带给他人吗？微笑，虽然是一个再简单不过的表情，微笑意味着友好、平等、友谊；微笑可以松弛情绪，可以缓解紧张的工作气氛；微笑还是自信的一种表现。俗话说："笑比哭好"，又曰："笑一笑，十年少。"可见拥有一个好心情，经常保持微笑对人们身体健康何等重要！历史上，杨贵妃曾"回眸一笑百媚生，六宫粉黛无颜色"，褒姒女也曾因一笑失去了西周的大好江山，正反两面都表明了微笑的作用是何其巨大！

笑容是温暖的阳光，对我们的健康，对人际间的沟通都至关重要。但有些笑容的背后却隐藏着诸多心理疾病的隐患，对此，应该多请教心理医生，帮助您如何释怀，教您如何笑出健康来。

专家认为，笑是可以训练的，多听相声、多看小品、喜剧，每天对着镜子作出各种逗人发笑的表情，常与亲朋好友相聚，多与爱笑的人在一起，经常回忆美好往事等，都能使人笑口常开。

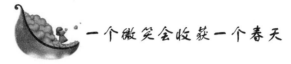

一个微笑会收获一个春天

一位优秀的小学教师在教书育人经验交流会上介绍了自己教学的体会，下面摘录她发言的片断：

开学第一天，新接一个班，心中有几分憧憬。第一堂课，第一个问题，找了一个胖胖的很可爱的小男孩回答。他站起来，抿紧嘴，摇了摇头。我顿时气上心头，但想到这是第一堂课，多少也要维持一下我美好的教师形象吧。于是，我微笑着说："没关系，请坐下。"我知道，这微笑具有演员的水平，要知道我当时多想用锐利的目光狠狠地瞪他，让他从此敬畏我而不得不发言。第二天，我又请他回答一个问题。他看着我，等了一会儿，终于张开了嘴，说："不知道。"我轻轻走到他的身边，微笑着说："没关系，请坐下。"只有我知道这微笑背后隐藏着怎样的汹涌波涛。第三天，我刚提第一个问题，那个小男孩居然举手了。虽然话说得不是很流畅，回答得不是很全面，但我真正绽开了笑容："很有勇气，应该这样参与。"

在那一刻，我真正感受到，严厉的批评远远比不上微笑的力量。微笑是一种宽容，能让学生飘在半空的胆战的心一下子落在地上，踏踏实实。只有在踏踏实实中，他才能集中注意力去倾听、思考，才能有所收获。微笑是一种关爱。在他束手无策时给他一个台阶，解除他的尴尬，挽回他的自尊。在他感到被尊重时，他的内心会升腾一种热爱。热爱你这位老师，热爱你这位老师所教的课，自然就会参与课堂活动。

微笑是一种艺术。它的力量是无穷的、恒久的，最易触动心弦的。心受到了感动，行为就会随之改变。德国教育家第斯多夫说："教学的艺术不在于传授本领，而在于激励、唤醒、鼓舞。"微笑就具有这个作用。一个微笑就会收获一个春天。

将心比心，用微笑传递真情

孔子云："己所不欲，勿施于人。"生活中，我们要做到这一点，就要凡事都将心比心而后行。宇宙一大书本，人生一大学堂。我们必须上好人生这一堂必修课，然后才能求得生存与发展。我们共同生活的社会，人与人之间有着或多或少的联系。所以，我们要学会忍让，学会宽容，学会多一点替别人着想。如果我们爱自己尊若菩萨，窥他人秽若粪土，那么，别人也会以同样的方式对待你。只有将心比心，善待自己，才能与他人和谐共处。

其实，我们人类共同生活在同一个地球上，头顶同一方晴空，脚踏同一块热土，大可不必如此的勾心斗角，尔虞我诈。人生苦短，又何必为一些琐碎的事而劳神伤恼，大动干戈，闹得鸡犬不宁，甚至发动战争，给人类带来毁灭性的侵害呢？这一切，都只因太多时候，我们不能做到将心比心。

送人玫瑰之手，历久犹有余香，将心比心，你也希望收到的是温情的玫瑰吧？俗话说："浮萍尚有相逢日，人岂全无见面时？"我们做每件事之前，都应该将心比心，三思而后行，免得造成日后尴尬的局面，免得日后自己的良心受谴责，免得让他人嗤之以鼻。

如果我们将心比心，那么这个世界就会少一些野蛮的争斗，多一分文明礼让；少一些残酷的压榨，多一分善意的帮助；少一些阴险的欺诈，多一分真挚的人情；少一些计较与猜疑，多一分理解和信任。如果凡事我们都将心比心，即使不能做到尽如人意，但也可以无愧于心，仅此足矣。

人，若是学会了同情，学会将心比心，世界将变得更加美好。心比心，能够达到心连心，心连在一起，人气就顺了，就不会出现"三个和尚没水喝"的故事了。

在现实社会中，除了自身努力以外，人与人之间的帮扶也是不可缺少的。比如捐献衣物，这实在是一件好事。自然灾害是不可避

第二章 真诚的微笑：真心实意、坦诚相待、信任的笑

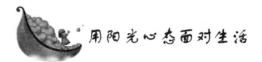

免的，但是，一个人能够做到将心比心，只要通过主观上的努力，都是可以做得到的，你做了好事，有的人能记你一辈子，做了坏事，亦然如此。

一个平凡的普通人，将心比心最擅长。平凡的人容易满足，经常能保持乐观，人只要乐观得起来，心情便会好起来，这样的人不会灭人家的威风，从而来长自己的志气。如果是这样的所作所为，大家不会讨厌这个人，当他有事情的时候，容易得到人家的理解和谅解。反之，心态不太好，无法控制自己的言行，容易伤人，同时也在伤害自己，比如，争权夺利，利欲熏心，弄到最后，都是搬起石头砸了自己的脚。因此，人与人之间互相关心，也是将心比心的结果。被关心的对象，在一段时间里，浑身有使不完的劲，用现在的话来讲，属于精神文明建设的成果。如果和领导在一起照了一张相，觉得自己的地位高了一层，再一起用餐、一起说会儿话，就以为这是殊荣，出了门和平民说话官气十足，那就错了。铁打的营盘流水的官，最后还是要解甲归田。想想这些，平时个性张扬、威风八面，又为哪般？

将心比心，只有把自己放到普通人的位置去衡量，这才能提到把握这一层面来考察，否则，谈把握总觉得缺少点什么，因为平凡的人是社会经济发展的基石。

将心比心，处世之道也！让我们将心比心，比出宽容，比出友善，比出和平。

用阳光心态面对生活

从现在起，为拥有阳光般的心态而努力吧！因为，每一寸阳光都是懂得微笑的。

人生活在这个世上，不可能都是一帆风顺的，或者遇到困难，或者遇到挫折，或者遇到变故，或者遇到不顺心的人和事，这些都是人生前进中的正常现象。然而，有的人遇到这些现象时，或心烦意乱，或痛苦不堪，或委靡消沉，或悲观失望，甚至失去面对生活的勇气。

不可否认，当这些现象出现时，会影响人的思维判断，会刺激人的言行举止，会打击人面对生活的勇气。比如，当你在工作中受到了上司的批评后，你会心情低落；当你在生活中被别人误会时，你会感到气愤和委屈；当你失去亲人、朋友时，你会悲痛至极；当你在仕途中遇到不顺时，你会怨天尤人，工作消极。

当遇到这些现象时，人的这些表现都很正常。因为人是会思维的高级感情动物，这也是区别于一切低级动物的根本。

但这些表现不能过而极之，否则你会活得很累，活得很不开心，活得很不幸福。

人在生活中，要学会用阳光般的心态面对生活。所谓阳光心态，就是一种积极的、向上的、宽容的、开朗的健康心理状态。因为，它会让你开心，它会催你前进，它会让你忘掉劳累和忧虑。

当你遇到困难时，它会给你克服困难的勇气，它会让你相信"方法总比困难多"，让你去检验"世上无难事，只要肯登攀"的道理。

当你遇到不顺时，它会让你的头脑更加理性，反思自己的做事方法、做人原则，让你有则改之，无则加勉，更上一层楼。

当你遇到委屈时，它会给你安慰，会给你容人之度，它让你的心胸像大海一样宽阔，志向像天空一样高远。

当你遇到变故时，它会让你化悲痛为力量，让你感受到"自然规律不可违，顺其自然则是福"的真谛。

它会让你的眼光更加深邃，洞察社会的能力更加敏锐，对待生活的态度更加自然，面对人生的道路更加自信。

阳光般的心态来之不易，它需要你生活的阅历更加丰富，获取的知识更加充实，对待人生的态度更加积极，它需要你用修养之水浇灌、勤劳之力扶持、宽容之心呵护。

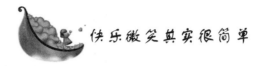快乐微笑其实很简单

减轻生命的包袱，放弃一些烦恼，放弃一些利益，你便能轻装上阵，就会与快乐结缘。快乐其实就这么简单。

每个人都想快乐，它像一个使者，能让我们忘掉烦恼和痛苦。有许多人，与生俱来就有很多让他快乐的因素；也有许多人，一生漂泊一生落魄，好像注定与快乐无缘。然而，只要你用心去寻找，很快就会发现，快乐其实很简单。

快乐是可以练习的。快乐是一种修行，你可以通过练习获取。这并不是一个秘密，问题是当我们有苦恼的时候，要相信快乐其实可以通过一种技能去获得，而不是听凭坏心情一点点地吞噬你。当心情烦闷时，穿上运动衣裤，来个两千米慢跑，让自己出一身汗，再冲个热水澡；当遭遇工作压力时，也不必整日愁眉苦脸一支接一支地抽苦烟，可以走到室外，对着蓝天白云，张开双臂，做几次长长的深呼吸，大吼几声；你还可以上上网、聊聊天、听听音乐，幻想自己已经中了大奖……其实，快乐属于我们每一个人，它也是可以练习的。快乐就在那一次慢跑中，就在那一次深呼吸中，就在那一段美妙的音乐中，快乐其实很简单。

快乐是可以选择的。听过这样一则故事：穆罕默德和阿里巴巴是好朋友。有一次，阿里巴巴打了穆罕默德一耳光，穆罕默德十分气愤地跑到沙滩上写道：某年某月某日，阿里巴巴打了穆罕默德一巴掌。还有一次，当穆罕默德快要跌落山崖时，阿里巴巴及时拉了他一把。穆罕默德十分感激，于是在石头上刻道：某年某月某日，阿里巴巴救了穆罕默德一命。阿里巴巴十分不解。穆罕默德微笑着告诉他："我把你我之间的不快与误会写在沙滩上，是希望它在海水涨潮的时候就消失得无影无踪；我把彼此之间的快乐和友谊刻在石头上，是希望它能和石头一样不朽。"

穆罕默德是一个聪明人，他选择了快乐，于是快乐也就选择了他。有些人总觉得自己的生活充满不幸与悲伤，他们很奇怪为什么有些人每天总是快快乐乐的？其实道理很简单，这就在于自己的选择。原谅别人的错误，并且给予他们改正错误的勇气。用心记住别人对自己的每次帮助，并且心中充满感激。这样，你就会得到快乐。其实，快乐在于选择，把快乐刻在石头上，你就会永远快乐。快乐其实就这么简单！

快乐是懂得放弃。放弃也是一种智慧，懂得放弃你也能寻获另一种释然的快乐。人生有时就是如此，你不能背负着你所有想要的东西走完人生的全程。所以，如果想要达到目标，就必须有所舍弃。把与内心无关的、纷乱的杂念和欲望舍弃，眼中只有你想要达成的目标，这样才容易成功。舍得舍得，有舍才有得。每个人生命所能够背负的重量是一定的，如果你过早地满载着上路，那之后你必须舍弃一些原来珍爱的东西来换取其他。生活中的选择就是如此的不完美。但这也正是生活的真正涵义。

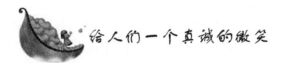

给人们一个真诚的微笑

微笑是一种绝好的态度，如果没有微笑，人们之间的沟通会变得没有人情味。微笑是相互的，别人的微笑鼓励了你，不要忘记，在别人需要时，给人们一个真诚的微笑。

"要是她不笑，我有可能把这些东西全部撇在一边。"说这话的是《哈利·波特》的作者罗琳。她说的"这些东西"，正是《哈利·波特》的一大摞文稿。

在罗琳最感艰难的日子里，有一天，她将自己试着写好的这部作品第一集的前三章和其他一些章节的笔记，拿到自己的妹妹阿娣家里去，请她看一看这些文稿。在妹妹看这些文稿的时候，罗琳是那样紧张地注视着她，观察着她的表情变化。后来她在接受记者采访时说："要是她不笑，我有可能把这些东西全部撇在一边，但是阿娣笑了。"她还说妹妹阿娣总是善于看到事物积极的一面，并且善于给人以热情的鼓励。

由于《哈利·波特》的巨大成功，一贫如洗的罗琳变成了闻名全球的亿万富婆。好在她并没有忘记妹妹阿娣当初的那一笑，并且通过记者的采访，让无数的人认识到这一笑有多么珍贵，它的价值也足可让无数的珠宝失色。

另一个从爬格子变成亿万富翁的美国作家斯蒂芬·金，被认为是当今世界上拥有读者最多的美国小说家。他在接受记者采访时说到这样一件事："6岁那年，我生病休学在家，看了不少漫画书和一些动物故事，那时候我便开始写作。一开始只是模仿，不久之后，我写了一篇4只魔法兔子开着旧车帮助小孩的故事。只有4页长，用铅笔写的。我把它拿给妈妈看，她立刻放下手中的事读了起来。她看了我的故事后开怀大笑，说它好得可以出书了。我听了简直乐不可支。她还赏我1美元作为稿费，并把它寄给她的4个姐妹看。"其实，斯蒂芬·金一直到30多岁都还只是一个劲地收到退稿，但想到妈妈是那样地欣赏他——后来又得到妻子的支持，他便一直坚持下去，直到取得巨大的成功。

许多的成功者，他们在奋斗过程中得到的最初鼓励，看见的第一张欣赏自己的笑脸，都是来自于自己的家庭成员。这些家庭成员也许都是一些很普通的人，但他们的笑脸就像那燃烧在黑夜里的第一束火把，让得到它照耀的人获得了前进的信心和勇气！

第三章　苦涩的微笑：失意或挫折时忍受、坚强的笑

　　很多人觉得活着很累，过得很不开心。其实快乐不快乐取决你的态度。再重的担子，笑着也是挑，哭着也是挑。再不顺的生活，微笑着就撑过去了，就是胜利。

再苦再累，我们都要微笑

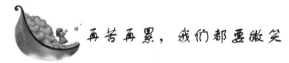

我们该如何把握现在的生活呢？当每一天以新鲜的面孔展现在我们生活中的时候，那种清新的城市节奏，让我们感到恐慌与无助，我们害怕一不小心跟不上他们的脚步，追赶不上清晨的阳光。更害怕因为我们的无助，会让我们失去勇敢，失去我们在夜晚的梦想，所以我们一再努力地追赶，每天我们都会起得很早，不想被淘汰，我们在坚持，只有坚持到最后，才是最终的胜利者。可是我们不知道到底能坚持多久，怎样走才能够是最好的。

我们喜欢没有任何烦恼忧愁的生活，我们喜欢世外桃源的那种感觉，所以我们渴望飞翔，虽然我们知道飞得高更容易受伤，但我们还是执著地想飞翔。

有的时候，我们不知道未来还是不是一个梦。这是一个丰收的季节，而我们对于自己的丰收却只能是微笑，我们没办法不让自己微笑，生活再累，再苦，我们都要微笑，因为我们坚信只有微笑的人生才是最美的人生。

没有人会注定不幸，你绝不比其他人更不幸。不要因为没有鞋子而哭泣，看看那些没有脚的人吧！绝对不要把自己想象成最不幸的人。否则你真成了最不幸的人。

很多人觉得活着很累，过得很不开心。其实快乐不快乐取决你的态度。再重的担子，笑着也是挑，哭着也是挑。再不顺的生活，微笑着就撑过去了，就是胜利。

快乐与忧愁一样，是人们与生俱来的情感。初生的孩子需求简单，吃饱了就笑，饿了就哭——没有事情可以烦恼和担忧，因而孩童总是很快乐的。

每一天，你都可以过得很不快乐，也可以过得很快乐。如果你选择了快乐，那你就能获得快乐。如果你选择了郁闷，那么卓别林也无法让你开心。快乐不快乐由你自己决定，不能被别人的行为所

学会微笑常快乐

青少年心理品质丛书

左右。所以，用你的心来决定你是选择快乐还是不快乐吧。

充实也一生，颓废也一生，为什么不选择充实呢？快乐是一生，伤心也是一生，为什么不选择快乐呢？如果你希望幸福快乐，你必须真诚地渴望幸福快乐。幸福快乐与否完全取决于你的心态，你想幸福快乐，你随时都可以幸福快乐，没有人能够阻拦得了你。

世界上的很多问题来自自己的心灵，世间的痛苦和烦恼也是如此。想改变整个世界很难，而改变自己的思维则较容易。换个角度，人生海阔天空。快乐也是如此，完全取决于你的态度。

快乐不快乐是由你自己决定的，不能被别人的行为所左右。想改变整个世界很难，而改变自己的态度，则较为容易。

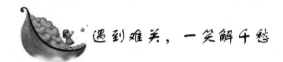

遇到难关，一笑解千愁

人生总是会遇到很多挫折和不如意，皱着眉头，哭丧着脸，并不能解决困难。笑不会花费很多力气，更何况它是免费的，那么何不快乐一点，笑着面对？

一名养路工在 5 年内先后经历过儿子大学落榜、妻子患重病住院半年、父亲去世、家中最值钱的东西被盗、在马路上工作时被汽车撞断胳膊。如果你不认识他，你可能会为他担忧，觉得他的日子快没法过了，但他的同事们却知道，他依然很快乐。

这名养路工属于劳而清的人。冬天，他要踩冰冒雪上路。夏天，他得头顶烈日施工。收入不算很高，只可以维持家用。他的妻子没有工作，儿子刚刚踏入社会，四处打工。但是，在单位里，在同事面前，每次谈到家里的事，养路工都显得满足，他会告诉你："我老婆这人特贤惠，有一次，我们只剩下一块钱了，她居然还要上菜市场，买回一把青菜、一把韭菜和一根黄瓜，做出丰盛的晚餐，而且，韭菜还没有用完，就腌了一部分，第二天早上吃稀饭就有了小菜。"

在别人看来，这名养路工的笑容饱含着辛酸，因为他说话的时候，胳膊还没有恢复，得用布带吊在胸前。在正式回到工作岗位前，

59

每月的奖金是拿不到的，但他不在乎，也不去走后门找领导要求额外的照顾，每天都是乐呵呵地上班，笑眯眯地下班。

一天，他的妻子上单位来了，说："儿子的电话，要求紧急支援一百块钱！"他哈哈笑道："我敢打赌，这小子谈恋爱了。"他叫道："各位，谁救个急？儿子结婚那天，我请他当媒人！"鉴于他一向乐观、可靠的品性，同事们很快凑足了一百元给了他。

后来得知的事实是：儿子当时失业了，需要一点儿生活费。

在一次本行业评选"公路卫士"的活动中，这名养路工以高票当选了。在介绍各自事迹的巡回演讲上，这名养路工谈起如何克服困难，忠诚于本职工作：

"大家都以为我是个快活人，其实，我很累，很多快乐都是假装的。儿子大学落榜时，如果我不保持乐观，对他、对我、对老婆，都会产生更大的打击。我的内心一度空荡荡的，但人死不能复生，我只得迅速调整心态，积极地面对工作和生活。家中被盗，那是人祸，我自己也有防范不严的责任，怨天尤人不管用，还是开口笑吧。胳膊被撞断后，我告诉自己，趁这个时候好好休息休息……我不能垮掉，也不敢垮掉，我要假装快乐——那也是一种快乐！当我们没有足够的钱购买快乐的生活，我们更应该笑，笑是免费的，它会伴随我们渡过许多难关。"

"如此的笑，虽为假装，但它会令人愉悦，渡过难关。所以，遇到难关，一笑解千愁。这是我奋斗的目标。我要快乐，我要活得轻松。"

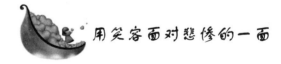

用笑容面对悲惨的一面

生活中的事情总有两面性。在看到自己悲惨一面的时候，也要看到好的一面。好的一面自然能让你快乐，用笑容面对悲惨的一面，你会发现，那也没什么可怕的。

肖恩·斯蒂芬森成长于芝加哥市郊区的拉格兰奇村庄，一生下

来就被确诊患上了成骨不全病。这是一种罕见的疾病，患者的骨头非常容易折断和碎裂，一个咳嗽就能让肋骨折断。医生曾预言，斯蒂芬森"最多只能存活 24 小时"。

能将生命之线拉到 30 岁，是斯蒂芬森创造的第一个奇迹，目前他的身高只有 3 英尺，体重大约 47 磅。

他不能跟其他人一样走路，坐车得坐在婴儿座位，要借助棍子才能按电梯按钮，如果不用轮椅，步行时就像只企鹅。18 岁时，全身已有超过 200 根骨头曾经折断过。

幸运的是，他还有家人。他们有照顾斯蒂芬森的基本原则，就是让他专注地做能做的事情，彻底抛弃那些力不能及的。用计时器保证他每天用于自我哀怜的时间不超过 15 分钟。由于斯蒂芬森经常疼痛难忍，他们就会让他回忆那些快乐的记忆。

家人一直帮他增强内心的力量，对此，斯蒂芬森心存感恩。他的母亲说："他首先是一个孩子，然后才是成骨不全病和轮椅。"父亲补充道："我们设法在他的生活中灌输积极观念，归根结底，一个人做什么取决于他有什么样的心态。"

万圣节曾是斯蒂芬森最喜欢的节日，因为在这一天，每个人都会打扮得稀奇古怪，他自身的缺陷便不会成为大家关注的对象。

然而，1988 年万圣节那天上午，斯蒂芬森的腿不慎碰到门框，断了。最喜欢的日子瞬间成为痛苦的一天，他歇斯底里，直到妈妈问了一个改变他一生的问题："这将会成为你的礼物还是重担？"

自此，斯蒂芬森开始了坐在轮椅上的蜕变。

他很快发现，跟别人分享自己的弱点能让别人向自己敞开胸怀。早在 11 岁时，他就做过"成骨不全病"的病友会发言人。17 岁时，则成为一个励志演讲者。

麦克风前的斯蒂芬森机智而俏皮："自我摧毁是行星上最大的问题"，"如果别人对你说'不'，意味着你找错了谈话对象"，"攀比会导致绝望"，"公平是一种错觉"……他强调"沟通"，并把"沟通"精确定义为"我们人类的交流"。

斯蒂芬森曾在美国德保罗大学主修政治学，做过美国前总统克林顿的实习生，克林顿在一段录像中对斯蒂芬森的工作表示了认可。

美国共和党议员威廉·利平斯基则在斯蒂芬森2001年大学毕业时给予他高度评价。斯蒂芬森克服了似乎无法克服的挑战，并把这种挑战转化为给自己，也给别人的礼物。目前，他自己在做的，正是让更多像他一样身有残缺的人拥有健康的心灵。

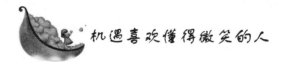

机遇喜欢懂得微笑的人

人没有高低贵贱之分，只有善于面对困境和不善于面对困境之分。很显然，机遇更加喜欢在面对困境的时候，懂得微笑的人。

贝尔蒙多出生于巴黎一个贫困的家庭。他天生迟钝，学无所成。为此，他的母亲一筹莫展，望子成龙的热情也日益削减。

贝尔蒙多十几岁的时候就被迫辍学，面对母亲疲惫的脸，他除了懊恼沮丧，就是把家收拾得一尘不染，以博得母亲舒心的笑。

在家无所事事，他就摆弄几个苹果，做成可口的甜点。这不但没有博得母亲的称赞，反而使母亲对他的前途更加忧心如焚，到后来索性对他放任不管，认为他是一个可有可无的人。

一个偶然的机会，贝尔蒙多去了巴黎一家非常豪华的大酒店做小伙计。他相貌普通，又无特长，谁都可以对他指手画脚。后来他去了餐饮部当了一名打下手的小厨师，帮助一位甜点大师洗水果、配调料。当时他会做的唯一一道甜点，就是把两只苹果的果肉放进一只苹果中，那只苹果就显得很丰满，而外表上一点儿也看不出是两个苹果拼起来的，果核也都巧妙地去掉了，吃起来特别香甜。

一次，这道特别的甜点被一位长期包住酒店的贵妇人发现了。她品尝后，十分欣赏，并特意约见了贝尔蒙多。这个一直不被重视的憨小伙激动地表示他将再接再厉，以不辜负夫人的赏识。

贵妇人虽然长租了一套最昂贵的套房，可是一年中也只有加起来不到一个月的时间在此度过，但是她每次来这里都会指名点那道贝尔蒙多做的甜点。

那几年，巴黎的经济萧条，酒店里每年都裁去一定比例的员工。

然而，毫不起眼的贝尔蒙多却年年安然无事——那位贵妇人是酒店最重要的客人，而他，可爱的贝尔蒙多则成为酒店里不可或缺的人。

酒店举行豪华庆典的那天，每个大厨师都做了一道自己拿手的菜。轮到贝尔蒙多时，他仍然精心地做了那道甜点。对着家属席中的母亲，他泪盈于睫，喃喃地说："我是一个很普通很普通的人，我曾想给母亲带来一点点不同，可我没有做到。我希望今天，当我在这个平凡的岗位上为自己争得一席之地时，母亲能尝尝我 10 年前就做过的这道甜点。"

在众人的注目下，年迈的母亲眼里含着幸福的泪花，一口一口地细心品尝了这道该酒店远近闻名的招牌佳肴。她终于知道，贝尔蒙多不是一个普通而碌碌无为的人，因为上帝给了他两只苹果，他却巧妙地调制成独一无二又令人刮目相看的苹果点心。当年，她忽视了他，幸好上帝从来没有轻视卑微，尽管上帝能够给他的只是两个普通的苹果。

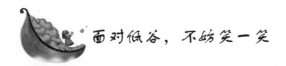

面对低谷，不妨笑一笑

面对低谷和困难的时候，不抱怨是一种智慧。笑着面对低谷，比哭着面对会更让你舒服。面对低谷的时候，你不妨笑一笑，幸运之神永远喜欢那些站在低谷，却懂得微笑的人。

我一生中最悲惨的一天发生在 1933 年，当时警长从前门进来，我从后门溜走。我失去了长岛的家园，那是我女儿出生、我们一起生活了 18 年的家。

我不能相信这种事会降临到我头上。

12 年前，我还志得意满，我把我的小说《水塔西侧》的电影版权卖给电影公司，价钱堪称好莱坞之冠。我们一家住在国外已有两年了。夏天我们到瑞士避暑，冬天在法国逍遥，像个富翁一样。

在巴黎，我用 6 个月的时间完成了一本小说。由威尔·罗杰斯主演，那是他的第一部有声电影。电影公司邀请我留在好莱坞为罗

63

杰斯的电影再写几部剧本，可是我拒绝了。

回到纽约，我的麻烦也开始了。

当时，由于一切太顺利，我渐渐觉得自己有一种沉睡已久的潜能未加发展，我把自己想象成成功的生意人。

有人告诉我约翰·雅各布·亚士特投资纽约空地赚了几百万。亚士特何许人？不过是带着外国口音的一介移民。他都能做到，我为什么不能？我要发财！我开始阅读游艇杂志。

我只有一点资历，我对房地产买卖的了解不会比一个爱斯基摩人多，我到哪里去筹钱来开始这个事业呢？

答案很简单：把我家房子押掉，买下一批地，等到好价钱时售出，我就可以过奢侈的日子了。对那些在办公室任劳任怨、混领薪水的人。我充满了同情。显然上天只赐给我这种理财的天分。

突然间，大萧条就像飓风一样席卷了我。

一个月我得为那片土地缴 220 美元。而每个月过得可真够快的，当然我还得支付抵押贷款，并维持全家温饱。我开始担心，我想为杂志写些幽默小品，可是下笔沉重，一点都不好笑。我什么也卖不出去，我的小说也卖得很差。

钱用完了，除了打字机及牙齿的镶金以外，再没有可以变钱的东西。牛奶公司不再送牛奶，煤气公司也断了气，我们只有改用露营用的小瓦斯罐，它喷出火焰时带着嘶嘶的声音，好像一只愤怒的鹅。

我们没有煤可以用，唯一取暖的工具是壁炉。晚上我会到有钱人盖房子的工地去捡拾木板木条，而我曾经是那些人中的一分子。

我担心得睡不着觉，常常半夜起来踱步，把自己搞得很累再回去睡。

我不但损失了我买的土地，还赔上了我所有的心血。银行扣押了我的房子，我和家人只有流落街头。

最后我们总算弄到了点钱租个小公寓，1933 年除夕我们搬了进去。

我坐在行李箱上看着四周，我妈常说的一句话在耳边响起："别为打翻的牛奶哭泣。"可是，这不只是牛奶，这是我一生的心血啊！

呆坐了一会儿，我告诉自己："我已经跌至谷底了，情况不可能再坏，只有逐渐转好。"

我开始想还有什么我尚未失去的东西。我还拥有健康与朋友。我可以东山再起，我不再为过去难过，我要每天提醒自己我妈妈常说的那句话。

我把忧虑的时间及精力投注在工作上，状况慢慢地一点点地改善了。我现在要感谢我有机会经历那样的劣境，因为我从中得到力量与自信。我现在知道什么是跌到谷底，我也知道那并不能打垮人，我更清楚我们比自己想象的要坚强得多。

现在，再有什么小困难、小麻烦，我就会提醒自己坐在行李箱上对自己说过的话："我已经跌至谷底，情况不能再坏，只有转好。"这点小事再也不会令我烦恼。

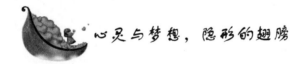

心灵与梦想，隐形的翅膀

形体的残缺、环境的艰险，都不是人生成败的决定因素。因为任何有形的力量都囚禁不了心灵，束缚不了梦想。心灵与梦想，是每个人与生俱来的隐形翅膀，只有勇于展开它们的人，才会飞起来，超越一切，抵达幸福的人生彼岸。

她出生时就没有双臂。懂事后，她问父母："为什么别的小朋友都有胳膊和双手，可以拿饼干吃，拿玩具玩，而我却没有呢？"

母亲强作笑脸，告诉她说："因为你是上帝派到凡间的天使，但是你来时把翅膀落在天堂了。"她很高兴："有一天我要把翅膀拿回来，那样我不但能拿饼干和玩具，还会飞了。"

7岁上学前，母亲请医生为她安装了一对精致的假肢。那天，母亲对她说："我的小天使，你的这对翅膀真是太完美了。"但她却感觉到，这双冷冰冰的东西并不是自己的那双翅膀。在学校里，缺少双臂的她成了同伴们取笑的对象。假肢不但弥补不了自卑，反而让她深切意识到自己的残疾。随着年龄的增长，她越来越感觉到残疾

65

的可怕，洗脸、梳头、吃饭、穿衣服……她觉得自己是一只被牵着线的木偶。做任何一件事情，都要依赖父母。

课余时间，同学们最大的乐趣是荡秋千，而她只能站在远处痴痴地看着那些孩子们在空中飞舞着、欢笑着。只有他们离开后，她才偷偷坐到秋千上，忘情地荡起来。这个时候，她会闭上眼睛，听耳边掠过的风声，想象自己找回了失去的双臂，像天使一样在操场上空飞翔。

14 岁那年的夏天，父母带她乘船到夏威夷度假。

每天，她站在甲板上，任两截空飘飘的衣袖随风飞舞，每当看到海鸥在风浪中自由飞翔，她都情不自禁地叹息："如果我有一双翅膀多好，哪怕只飞一秒钟。"

"孩子，其实你也有一双翅膀的！"一个苍老的声音在她耳边响起，她循声看到了一位黑皮肤的老人，吃了一惊，因为这位老人没有双腿，整个身体就固定在一个带着轮子的木板车上。此刻，老人用双手熟练地驱动着木板车，在甲板上自由来去，她看呆了。她了解到，老人是 10 年前从非洲大陆出发的，如今已经游遍了世界五大洲的 70 多个国家。而支撑他"走"遍世界的，就是一双手。"孩子记住，那双翅膀就隐藏在你的心里。"船靠岸那天，老人的临别赠言让她整颗心一下子飘荡起来。

她开始练习用双脚做事。她用脚夹着钢笔练习写字、梳头、剥口香糖，为了让双脚保持柔韧有力，她每天通过走路和游泳的方式来锻炼。过于劳累，使她的脚趾经常麻木、抽筋。有一次，她在游泳池里过于疲惫，以致两个脚踝竟然同时抽搐。她在水中拼命挣扎，喝了一肚子水，所幸被教练及时发现，将她从死亡的边缘拉了回来。不懈努力让她的双脚越来越敏捷，她的脚趾开始像手指一样能自由弯曲，她不但学会了打电脑、弹钢琴，还获得跆拳道"黑带二段"的称号。坚强与自信让她渐入佳境，由于成绩出色，她获得了亚利桑那大学心理学学士学位。但是，她的努力并没有停止。她开始练习用双脚来开汽车，事实上，她比普通人更快拿到了驾照。

一路走来，她的成就已足够令自己和父母骄傲了。但童年时那个飞起来的梦想却总是挥之不去，她要像天使一样自由飞翔。

一次培训残疾飞行员的机会让她欣喜若狂。她认定这是属于自己的机会。获得轻型飞机的驾照，需要学习6个月，她却用了整整3年时间。她先后求教过3名飞行教练，并挑战各种天气状况，飞行时间达到了89个小时。经过艰苦训练，她能够熟练地用一只脚管理控制面板，而用另一只脚操纵驾驶杆。这让教练惊叹不已。

这位身残志坚、可以用双脚熟练驾驶轻型运动飞机，并成功通过私人飞行员驾照考试的女孩叫杰西卡，今年23岁，是美国历史上第一个只用双脚驾驶飞机的合法飞行员。

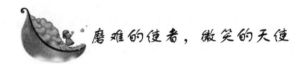

磨难的使者，微笑的天使

俗话说：好人有好报。但是，这并不意味着好人就不会经历磨难。磨难的使者对人性的好坏并不会分辨。他们唯一会分辨的就是懂得微笑和不懂得微笑的人，懂得微笑的人就像带了一个护身符，会让他们知难而退。

事情发生在一个下午，一辆由南向北行驶的旅游中巴与对面一辆飞驰而来的大货车相撞了……一位好心的过路人拨打了120急救电话，不一会儿急救车飞驰而来。

救援行动开始了，由于大货车的车身非常庞大，而且撞击的速度非常快，旅游中巴已经面目全非了。两辆车交叉在一起，很多乘客都被压在车身底下，这给救援增加了较大难度。如果乘客因为失血过多而造成休克后果不堪设想。

在伤员中有一位伤势不轻的女孩一直在指挥着救援。后来才知道她就是这个团的导游，名叫文枝花。她的位置距离抢救队员最近，但是她却一直指挥抢救队员先救里面的乘客不要管她。她用自己那微弱的声音指挥着救援行动，每一次救援队员试图先把她从车身下抢救出来的时候，她都坚持一定要先救其他人……

在抢救的过程中忽然有一个镜头定格了——文枝花面对众人露出了微笑。她在死神面前绽放出最美的微笑，微笑中所绽放的是顽

67

强的生命力和无限的希望。此时她的微笑变成了一种美妙的音符，传递给在场的每一个人。但是她忍受的却是钻心入骨之痛。当车厢内最后一位受伤乘客被抢救出来之后，她的那股子精气神儿一下子松懈下来，昏迷过去。在场的救援人员真怕她昏迷后就不再醒来。她只是一个 22 岁的女孩，拥有花一般的年龄。

对她的救援远比抢救其他人要困难得多，她的双腿被紧紧地压在一个汽车座底下，而这个车座已经严重变形，当救援人员费尽九牛二虎之力把她从这个车座底下拉出来的时候，她已经失血过多，危在旦夕，而且她的左腿骨已经裸露在了外面，连救援人员都不忍心再看了。

文枝花被送到了附近最近的一家医院，但是由于伤势严重、伤口感染、失血过多而造成休克，随时有生命危险。于是大家赶紧用最快的速度通知她的家人。

消息对她的家人而言犹如晴天霹雳。医生说如果要保住性命，必须截去左腿，但是截去左腿后也不一定能保住性命，最好转院到省医院进行救治。大雨如注、路途遥远，但不转院文枝花性命难保，最终大家一致决定再困难也要转院。

在命悬一线的时候，在手术室门口，她做出了"胜利"的手势，用尽最后的力气问："乘客怎么样？"此时周围的人甚至怀疑眼前的她是否是他们原来认识的那个俏皮可爱的小姑娘。

手术完成了，当得知手术结果后，母亲号啕大哭，觉得命运对他们的女儿太残酷了。父亲抱着女儿被截下来的左腿也失声痛哭，血迹染遍了父亲的全身。

她自己得到噩耗后，只是有些惊诧，由于还在术后麻醉期，所以还感觉不到被截肢的剧痛。当时她的表情异常冷静，这一举动让很多人都不理解，之后她却擦去眼泪安慰周围的人说："大家不要为我难过，这些都是我应该做的。"

有一个故事是讲悲观者和乐观者的区别：有两个人同时到一个孤岛上去卖鞋，情况是这个岛上的人全都不穿鞋，悲观者说因为他们都不穿鞋所以一双也卖不出去；乐观者说因为他们都不穿鞋所以可以把鞋卖给每一个人。文枝花一定是乐观者，凭借着积极乐观的生活态度，没多久她就在医生的指导下进行扶拐练习了。

一次妹妹跟她开玩笑说："姐，以后你坐公交车都不用买票了。"文枝花说："要是打车也不买票就好了。"说完姐妹都哈哈大笑起来。笑声让空气中充满了暖昧，充满了对于战胜困难毅然决然的勇气。后来很多人都为她捐款，但是都被她拒绝了，当年她荣获"湖南省十大杰出青年"的称号。

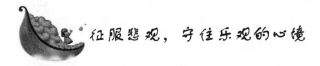

征服悲观，守住乐观的心境

人生何处无风景，关键看保持一个什么样的心境。守住乐观的心境，"不以物喜，不以己悲"，我们就能看遍天上胜景，"览尽人间春色"。

一位著名的政治家曾经说过："要想征服世界，首先要征服自己的悲观。"在人生中，悲观的情绪笼罩着生命的各个阶段，青春期更是不可避免。战胜悲观的情绪，用开朗、乐观的情绪支配自己的生命就会发现生活有趣得多。悲观是一个幽灵，能征服自己的悲观情绪便能征服世界上的一切困难之事。人生中悲观的情绪不可能没有，但要击败它、征服它。

人生在世不如意事常八九，这是一种客观规律，不能以人的意志为转移。倘若把不如意的事情看成是自己构想的一篇小说，或是一场戏剧，自己就是那部作品中的一个主角，心情便好了很多。一味地沉入不如意的忧愁中，只能使不如意变得更不如意。"去留无意，闲看庭前花开花落；宠辱不惊，漫随天际云卷云舒。"既然悲观于事无补，那我们何不用乐观的态度对待人生，守住乐观的心境呢？

用乐观的态度对待人生，可看到"青草池边处处花"，"百鸟枝头唱春山"，用悲观的态度对待人生，举目只是"黄梅时节家家雨"。低眉即听"风过芭蕉雨滴残"。譬如打开窗户看夜空，有的人看到的是星光璀璨，夜空明媚。有的人看到的是黑暗一片。一个心态正常的人可在茫茫的夜空中读出星光的灿烂，增强自己对生活的信心，一个心态不正常的人让黑暗埋葬了自己且越葬越深。

　　用乐观的态度对待人生就要微笑着对待生活，微笑是乐观击败悲观的最有力武器。无论生活走到哪个地步，都不要忘记用自己的微笑看待一切。微笑着，生命才能征服纷至沓来的厄运；微笑着，生命才能将不利于自己的局面一点点打开。

　　守住乐观的心境实在不易，悲观在寻常的日子里随处可以找到，而乐观则需要努力，需要智慧，才能使自己保持一种人生处处充满生机的心境。悲观使人生的路愈走愈窄，乐观使人生的路愈走愈宽，选择乐观的态度对待人生是一种机智。在诸多无奈的人生里，仰望夜空看到的是闪烁的星斗；俯视大地，大地是绿了又黄，黄了又绿的美景……这种乐观是坚韧不拔的毅力支撑起来的一种风景。

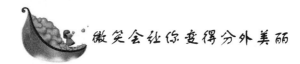 **微笑会让你变得分外美丽**

　　有时候，生活就是需要有这样的一种态度，无论身在怎样的困境里，也不要忘了用微笑的姿态来面对，因为微笑会让你变得分外美丽。

　　8月阿根廷的布宜诺斯艾利斯还是稍显寒冷，玛莉娜推开围栏的木门，拉了拉围巾，随手把一袋垃圾放进了左边的垃圾筒里，右边垃圾筒旁正蹲着个拾荒的孩子。在帕雷尔摩富人区，这种场景司空见惯，忙碌的玛莉娜往日目光不会为此停顿哪怕一秒钟。

　　今天，她不由地停下脚步，因为眼前的孩子正在把翻过的垃圾又一点点放回垃圾筒，她收拾得是那么仔细、耐心而神圣，仿佛面前不是一堆垃圾，而是一棵圣诞树，她正在摘取她的礼物。

　　"喂，孩子，别人可都是翻完垃圾就走的，你为什么还要动那些脏东西？只要再过一小会儿环卫工人就会来收拾。"玛莉娜问了一句。

　　"这块草坪多漂亮，毕竟环卫工人还要等一会儿来，即使瞬间也要让这里尽可能美丽，不好吗？"孩子边收拾着垃圾边说。

这个拾荒孩子的话让玛莉娜很意外，瞬间也要美丽，她默默地站在那里看着孩子的背影，为这孩子的话有些感动。许久，孩子突然意识到和她说话的人并没有离去，赶紧站起来转过头。

在那瞬间，玛莉娜惊呆了，面前这个孩子虽然衣服很旧但很整洁。面容黝黑但很干净，而她姣好的身材和脸型是玛莉娜近几年都少见的。"你愿意当模特吗?"玛莉娜脱口而出。玛莉娜·冈萨雷斯，世界著名项链设计师，她知道什么样的苗子能成为一流模特儿。

3年后，这个叫姐妮拉的拾荒女孩接连击败1000多名竞争对手。夺得全球最大模特经纪公司举办的"世界精英模特大赛"阿根廷赛区选拔大赛的桂冠。从丑小鸭到白天鹅，从垃圾堆到T台，记者问玛莉娜靠什么发现了姐妮拉的潜质，玛莉娜笑着说："一个懂得瞬间也要美丽的人，想一生不美丽都很难。"

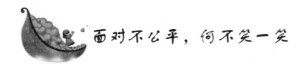

面对不公平，何不笑一笑

这个世界上本来就没有绝对的不公平，也没有绝对的公平。一切公平或者不公平都是相对而言的。懂得了这个道理，在面对属于你的不公平时，何不笑一笑。这样，你就可以释怀了。

孩子！你愈大，愈会发现这世界上有许多不公平！

今天你一进门就嘟着嘴说，你参加学校诗社比赛居然没得奖。

接着就见你上楼，在浴室里擦眼泪，一边哭一边说连美国诗人刊物都收录你的作品，学校里的比赛却没名次。还说英文老师讲你写得很好，同学也说棒，认为你绝对会得奖，一定是中间出了什么问题。

"会出什么问题呢?"我问。

"说不定诗弄丢了，没到评审的手上。"

"你爸交给谁了呢?"我又问。

"交给了英文老师。"你说。可是又讲你已经问过英文老师，老师说早就送进去了。

"那你要不要去查，去一关一关问，或是问问评审老师有没有见到你的诗？"我说。却见你一顿脚，不高兴地讲："问有什么用？比赛已经结束了，课都结束了，我都毕业了，就算是诗真丢失了，找回来，也晚了。"

孩子，这下我就要说你了。当你觉得有问题，不高兴，或者不服气，你只有3条路可以走——一个是去追，看有没有失误；一个是不在乎，认为查也没用，犯不着浪费时间；一个是好好检讨，是不是自己有弱点，作品不好却不自知。

你既然不高兴，又不愿意去查，还不检讨，自己在这儿生闷气有什么意义呢？这不是积极的人生态度啊！

而且，你说比赛结束了，查也没用。这话显示出你太利己，有些自私。你怎么不想想如果查出来是偶然遗失了文件，或比赛的办法不好，甚至要那该负责的人认了错、道了歉。不是可以使主办人警惕，让以后参加比赛的人不再吃亏吗？

这就好比前些时候学校刊物上有涉及歧视的文章发表，为什么中国家长那么气愤，甚至把新闻登上报纸？他们不是也可以认为文章已经发表，争也没用吗？

他们争，是为了让老师和学生警惕，以后不要再随便刊登有种族偏见的文字！

还有，你不断地说不公平、不公平，比你差的作品都得奖了，你却没列名。我对你说的"不公平"也有意见，如果是别人把你的作品弄丢了，那不能算是不公平，那只是"错误"。只有当你参加比赛，别人故意贬低你的作品时，那才叫不公平。

而且，我要问你，这世界上真是样样都公平吗？

为什么有些人漂亮，有些人丑；有些人高，有些人矮；有人能一目十行，有些人又十眼都看不了一行；有些人家财万贯，有些人寅吃卯粮；有些人生在贫困战乱的地区，有些人生在富裕安定的国家？

这世界本来就不公平啊！

72

说件事给你听，我在中国台湾地区时有个小女生来对我哭，说她毕业应该可以得市长奖，但是因为每个学校有一定的名额，其中一个给了家长会长的孩子，另一个给了有脑瘤的小孩，结果把她挤了下来。颁奖时，她在乐队里演奏，看着成绩不如她的同学得了奖，眼泪直往肚子里吞，她觉得太不公平了。

我一边听，一边眼泪也要掉下来。但是我听完之后，对她说：你呀，想想那个得了脑瘤的孩子多可怜！他得了那么重的病，动了那么多次手术，还能有不错的成绩，真是不简单。就成绩而论，他比你差却列在你前面，确实不公平。但是从另一个角度想，一个才12岁的孩子，就长了脑瘤。上天不是也不公平吗？你怎么不想想自己幸运的地方而感恩呢？

孩子！你愈大，愈会发现这世界上有许多不公平。对那些不公平，你或是强力去抗争，如同美国黑人争取民权一样，用上百年去争取。再不然你就要把那悲愤化成力量，在未来有更杰出的成就，以那成功作为"实力的证明"，也用那成功对你的敌人做出反击。

但是记住，可以化悲愤为力量，但你不能怨恨，因为怨恨只可能使你更偏激、更不理智，甚至造成更大的失败。

人生在享受痛苦与快乐中前行

时间会告别过去，痛苦也能告别回忆。生活恬淡、心境平静是一种极致的朴素美，如果在这种美上再加上享受，就会锦上添花。学会接受，学会珍惜，这样将会使你的人生更加丰富多彩。

人的一生中，每个人都曾沐浴幸福和快乐，也会历练坎坷和挫折。幸福快乐时，我们总是感觉时间的短暂。痛苦难过时，我们却抱怨度日如年。幸福和痛苦本来就是双胞胎，上帝是公平的，痛苦往往是伴随幸福并存。会享受幸福，也要学会享受痛苦，享受幸福会增加你的成就感，享受痛苦则会提高你的自信心和忍耐力。身陷痛苦的囹圄。你的心灵颤抖了吗？地处绝望的深渊时，你坚持了吗？这就要看你有没有坚定的信念和意志力。

当我们遇到坎坷、挫折时，不悲观失望，不长吁短叹，不停滞不前，把它作为人生中一次历练。把它看成是人生中的一种常态，这将助你更好地谱写出自己的人生精彩。

人生必有坎坷和挫折！挫折是成功的先导。不怕挫折比渴望成功更可贵。

塞翁失马，焉知非福？碰到挫折，不要畏惧、厌恶，从某方面说，挫折对我们来说是一件历练意志的好事。唯有挫折与困境，才能使一个人变得坚强，变得无敌。

挫折足以燃起一个人的热情，唤醒一个人的潜力，而使他达到成功。有本领、有骨气的人，能将"失望"变为"动力"，能像蚌壳那样，将烦恼的沙砾化成珍珠。

不经历风雨，怎能见彩虹？没有失败的人生绝不是完美的人生。当你战胜失败的时候，你会对成功有更深一层的感悟。就是在这样一次次的感悟中，你走出了一个完美的人生。

真正有成就的人，都是在经历了失败和挫折之后才取得辉煌成就的。

生命不轻言放弃，漫长的人生中，谁也不可能一帆风顺，谁也难免要经历挫折和坎坷。被挫折历练后的人总是更顽强、更成熟、更勇敢，也就能看到近在咫尺的成功，也就是我们离成功更近一步。遭受挫折不但可以使人生积累经验，而且挫折可使人生得到不断的升华。所以我们更应该正视挫折，珍爱生命。

没有品尝过挫折滋味的人，体会不到成功的喜悦；没有经历过挫折的人生，不是完美的人生。

生命是自己的，前程是自己的，幸福也是自己的。我们要珍爱生命！挫折有利也有弊，它能够让人进步、积累经验，同时也能让人坠入万丈深渊，我们要以正确的心态去看待。正确认识挫折的客观性和优越性，变挫折为力量，战胜生活中的挫折与坎坷，把宝贵的生命用于为祖国做贡献……

人生中，快乐带给我们愉悦，痛苦则能带给我们回味。在人的一生中，真正的快乐，我们很难想起，但痛苦却往往难以忘记。既然痛苦不可避免，我们又无法抗拒，为什么不学会面带微笑迎对痛苦的来临呢？

学会微笑常快乐

放弃绝望，给挫折一个微笑

微笑，就像暗夜中一只偶然飞过的萤火虫，带领着在生活迷途中的孩子们走过迷茫的黑暗之区。用炽热的阳光温暖他们在黑暗之中早已冰封的心。

生活中的人们会经历多种的挫折，但如果仍能对着镜中早已伤痕累累的自己露出真心的微笑，你会发觉自己在不知不觉中变得坚强了，会发觉生活之路虽然曲折，但却异常迷人。一旦你看淡了人生，看淡了人人相争的名利，就会发现人生与生活不过如此。

下面是一位高考落榜生的考后感言。

高考这场仗已过去一个多月了，心里的伤痕却未见愈合，不知道这个伤口要伴我到什么时候？记得昔日的我从未这样低沉的，也许这次真的伤了，伤得很重。

家长的埋怨，同学异样的目光，让我心如刀割，让我无言以对，让我精疲力竭。有时候我问上苍，为什么我没有看到我的回报，难道我的汗水就这样付诸东流了吗？

失落的我一个人在雨中漫步。许久，天空放晴了，抬头望望天，绝美的彩虹，为什么你可以这么美？你只有几分钟的生命而已。此时，我仿佛听到另一个声音："因为彩虹知道自己会给人们带去一分欣喜，即使只有短暂的生命已足矣。"我愣住了，沉默了许久，终于想明白了，生命是一个过程，无论是失败还是成功，都是自己走的，不要后悔，重要的是以后的路要怎么走。

是的，我落榜了，但那不代表我的人生从此暗淡，那只不过是我人生的一个挫折而已。我不要低沉，我要给挫折一个微笑，因为我要对我的人生微笑。我要面带微笑，重新振作，我要摆脱落榜的阴影。

正因为溪流有阻碍，所以才会有潺潺的流水声；正因为有了秋霜的捶打，所以秋天的枫叶才红得那样的透彻；正因为有了各种困难、挫折，额外的人生才更加美丽。

科学家曾说："微笑对于一切痛苦都有超然的力量，甚至能改变人的一生。"每个人的人生都会有阻碍，但是只要我们有勇气走过去，我们就一定会走向辉煌的人生。

飘雨的日子，打破了夏的燥热，清洗了我视线里的灰暗，留下的只是对未来的信心。

我很庆幸，我又找回了自己，现在更成熟的我会更努力，因为我输得不甘心，我会用我的努力证明给他们看，我不会永远失败。

我会努力的，我会成功的，我要创造一个不一样的人生，因为我坚信："If you think you can, you can."

只要自己是快乐的，无悔的，你就会觉得自己的一生是成功的。随着时间的推移，你也会走到人生的尽头，你虽然对人们口中的景象和实际相差太远而感到失望，但那只是一瞬的失望，而非绝望，因为你已经得到了自己想要的幸福与快乐，也学会了在挫折中变得坚强，也习惯了用微笑来面对生活。你的一生，微笑从未离开过脸庞。黑暗与不幸从未来到过你的身旁，让你这一生幸福、安宁。

所以，在你失望之时，请别忘了"失败乃成功之母"；在你绝望之时，请别忘记上天赋予人类最好的礼物——希望，因为那是让你生活下去的动力；在你对生活对人生已毫无留恋而选择逃避时，请别忘记试试用微笑来面对自己的生活，用微笑来演绎自己的人生，或许那样世界会再次向你展现它迷人的光彩。

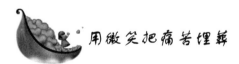

用微笑把痛苦埋葬

人不能陷在痛苦的泥潭里不能自拔。遇到可能改变的现实，我们要向最好处努力；遇到不可能改变的现实，不管让人多么痛苦不堪，我们都要勇敢地面对，用微笑把痛苦埋葬。

第二次世界大战期间，一位名叫伊莉莎白·康黎的女士，在庆祝盟军于北非获胜的那一天，收到了国际部的一份电报——她的独生子在战场上牺牲了。

他是她最爱的儿子，那是她唯一的亲人，那是她的命啊！她无法接受这个突如其来的严酷事实，精神接近崩溃的边缘。她心灰意冷，痛不欲生，决定放弃工作，远离家乡，然后默默地了此余生。

当她清理行装的时候，忽然发现了一封几年前的信，那是她儿子到达前线后写来的。信上写道："请妈妈放心，我永远不会忘记您对我的教导，不论在哪里，也不论遇到什么灾难，都要勇敢地面对生活，像真正的男子汉那样，能够用微笑承受一切不幸和痛苦。我永远以您为榜样，永远记着您的微笑。"她热泪盈眶，把这封信读了一遍又一遍，似乎看到儿子就在自己的身边，用那双炽热的眼睛望着她，关切地问："亲爱的妈妈，您为什么不照您教导我的那样去做呢？"

伊莉莎白·康黎打消了背井离乡的念头，一再对自己说告别痛苦的手只能由自己来挥动。我应该用微笑埋葬痛苦，继续顽强地生活下去。我没有起死回生的能力改变它，但我有能力继续生活下去。

后来，伊莉莎白·康黎写了很多作品，其中《用微笑把痛苦埋葬》一书颇有影响。

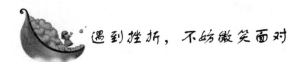

遇到挫折，不妨微笑面对

人生有很多时候都是在等待中度过的，尤其在遇到挫折和不如意的时候，等待是一件必要的事情。每天垂头丧气地去面对，日子就会过得非常慢。不妨微笑面对，你会发现，困难也不是难以逾越的。更何况，走完逆境，一定会有顺境等着你。

银行内有许多窗口，每个窗口前都站满了人。人们总是有意识地排到队伍最短的窗口去，那样可以节约时间。有时，你是幸运的，但很多时候，队伍排得短，并不意味着很快就能轮到你。也许在你的前面，有几个人记不住密码，他们会一遍遍地按，然后要求挂失。还有人要取很多钱，工作人员会忙上半天，或者，他们会和工作人员争吵起来，没完没了。此时，其他窗口的处理速度反而显得更快了。

于是，你会后悔自己站错了队，想换一个队伍，但是已经不可能了。还有更可气的，你进了大厅，认准一个窗口，排啊排，终于轮到自己了，但工作人员告诉你："对不起，用信用卡取钱，请到其他窗口。"

排队其实就是人生，在我们的面前有很多未知的因素。

你站队的时候，不可能知道前面的人存钱、取钱需要多长时间。就如我们的人生长度取决于许多因素，自己并不能左右。

我们必须有豁达的胸怀、平静的心态，选择队伍时，要考虑到别人可能很快超过你，他们得到自己想要的，吹着口哨离开了，但你无法重来，你只能慢慢等着，需要耐心。

我们还要有从头再来的勇气，假如你排错了队，你不能气馁，请看准哪个才是真正适合你的窗口，不要一错再错。慢慢排着，总会轮到你。

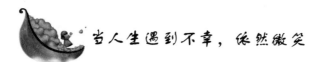

当人生遇到不幸，依然微笑

有诗云：微笑一下并不费力，但它却能产生无穷的魅力。受惠者成为富人，施予者并不变穷。它转瞬即逝，却往往给人留下永久的回忆。在困难过去的时候，永远留在人们记忆深处的就是那些面对困难依然微笑的画面。

1999 年我得了一场病，几乎使我毁了容。从那个时候起，我感到完全失去了生活的勇气，整个身心显得憔悴不堪。我不知道老天会对我开这样的玩笑。我无法理解的是，人生为什么会有那么多无法预测的事情？像这样的不幸我的一生不知道还会遇到多少回？

看到同学们对我的疏远（其实是我对他们的疏远），我总感觉他们在故意地躲避我，其实这是我的怯懦心理、害怕见人的心理。我常常敏感得不可理解别人轻微的一个眼神和举动，一旦发现我都会认为是他们对自己的鄙视。后来，我渐渐地变得害怕看别人的眼睛，认为他们都在嘲笑自己——那么丑陋！当面对这一切，我变得懊恼不堪，心中生起无限伤感，曾不知多少回无助地流过眼泪。

当自卑使我拒绝了与人的一切交往以后，我开始每天把自己封锁在自己的那个世界里。之后的我一直就在孤独中过活，也在孤独中忍受着。很多人都看到我常常一个人来往于学校的那条清冷的铺满石子的小路上。也曾孤零零地坐在学校树林里的那条石凳上，一连坐上几个小时，思考自己的一切和这个世界的一切。

我开始冥思苦想人生的意义——人为什么活着？人在遇到险境危境的时候应该怎么面对？当我从书上看到那些伟大人物不平凡的一生的时候，我才发现自己是多么的渺小，自己是多么的不堪一击，我的这点小小的痛苦比起他们来说是何其微不足道！从那时候起。我似乎渐渐地明白了一些道理，明白了人活着必然是要做些有意义的事情的，我们一直苦苦追逐的、苦苦迷茫的，不就是在茫茫的世界当中无法找到属于自己的一片天地吗？正因为如此我们才无法得知自己为什么会来到这个世界上，到这个世界上我们又来做什么？人生原本是要有意义的，我们才活得不空虚、不迷茫，这就是人生全部的意义。

当得到这样的结论，我仿佛大彻大悟了，我由衷的高兴。我不再刻意地注意自己的丑陋了。正如巴尔扎克曾说过："世上的人或许都比德雷沙漂亮，但很少有人比她的品德更高尚。"我才知道人活着，并不是单以相貌来决定这个人的价值，而是有更多的标准可以衡量一个人的价值。比如说品德、才学、修养、精湛的技艺等。总之，人的内涵要远比人的外貌更加重要。

也就是在那个时候，我喜欢上了书，喜欢上了写作。每日里，当我捧一本书津津有味地坐在那里品读时，我感到很满足。当读到若有所悟时，我又拿起笔在一个笔记本上开始涂鸦，写下自己的一点感受。渐渐地看得多了，写得多了，就有了一点成就感，还给我的同学、朋友主动讲起看过的一些书的感悟，我再不会注意别人对我有没有鄙夷轻视的眼神了。心境变得开朗了，生活也重新幸福快乐了，我也重新找回到自己的自信。

79

现在，我写过的信纸已经厚厚地堆了一沓，寄出去的信笺也有无数，其中也有发表的。看着自己的作品被刊登出来，心里有说不出的高兴。知道自己的劳动有了收获，我也更加努力。

但每每回想起过去，知道是过去的那段日子、那段经历让我受益匪浅。就像我的一位同学对我说的，一段生活一段经历，当时对于自己是一种痛苦，但是在将来或许它对于自己就成了财富。正是那段日子给我留下深刻的印象，我才有了今天，也才有了今天的成就。我感谢那段刻骨铭心的经历，给了我一次诠释自己人生的机会，也给了我寻找自己人生意义的机会。

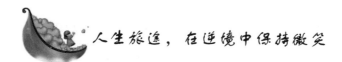

人生旅途，在逆境中保持微笑

"冲破大风雪，我们坐在雪橇上，快奔驰过田野，我们欢笑又歌唱。"歌词本身就反映了一种乐观的人生态度。喜欢这首歌的人，一定懂得在逆境中保持微笑。

他的一生再平凡不过，可是他从未放弃过心中的美好希望，从未因失败改变过梦想。

19世纪，美国有一个年轻人满怀抱负，想身体力行改变美国教育界的现状。他发愤读书，在耶鲁大学毕业后，如愿以偿当了教师。他的课讲得生动无比，他对学生从不苛刻，用精神力量去感化他们。这在当时保守的教育界看来，是一件无法容忍的事。很快，他满怀遗憾地离开了教师岗位。

接下来，他当了律师，准备为维护法律的公正而奋斗。可正是这一美好愿望，最终毁掉了他的律师事业。他常常因为当事人是坏人而推掉送上门的生意，白白把优厚的酬金让给了别人。但如果是好人受到不公正的待遇，他又不计报酬地为之奔忙。因为违反了当时美国律师界的"谁有钱就为谁服务"的行规，他不断受到排挤，最后不得不离开。

此后，他经过商。可是，他的善良与忍让使他根本看不到竞争的残酷，总是在谈判中把利益让给对方，而自己吃亏上当。最后，他当了牧师，企图在精神上把人们引向生命的正途。然而，他又因为支持禁酒和反对奴隶制得罪了许多人，被迫辞职。此时的他已是白发苍苍的老者。他一直以一颗忧国忧民之心，兢兢业业努力着，现实却像一柄巨大的铁锤，无情地把他的梦想一个个敲碎。

一个圣诞节前夜，天上飘着大雪。他孤独地站在路边，看着邻居的孩子们乘着雪橇飞驰而过，不禁感慨万千，连身上积了厚厚的雪都没有察觉。孩子们玩够了回来，看见他的样子，便说："老爷爷，你现在真像圣诞老人。不知您给我们准备了什么礼物？"他霍然惊醒，面对孩子们通红的脸，心中忽然有一股情愫涌动。他忙跑回屋，飞快地写了一首歌，教给那些孩子。孩子们在欢快的歌声中，乘着雪橇消失在风雪之中。

他81岁去世。纵观他的一生，失败一个接着一个，没有惊人的事迹，没有大的贡献，而其名字却已为全世界人熟知。因为在那个风雪弥漫的圣诞前夜，他为孩子们写下的歌："冲破大风雪，我们坐在雪橇上，快奔驰过田野，我们欢笑又歌唱。马儿铃声响叮当，令人心情多欢畅……"被世人广为传唱，成为圣诞节不可缺少的旋律。

这首歌叫《铃儿响叮当》，他的名字叫皮尔彭特。他的一生再平凡不过。可是他从未放弃过心中的美好理想，从未因失败改变过梦想。因此，他的心中才能飞出如此优美的歌，穿越漫漫时空，依然濯洗我们的灵魂，震撼我们的心。

这歌声永远响在充满风雪的人生旅途上，使我们有一颗乐观向上的心，去面对人生更大的风雪！

第三章 苦涩的微笑：失意或挫折时忍受、坚强的笑

第四章　交往的微笑：招呼式、应酬式、礼仪式的笑

　　生活中有这样一张名片，是那么的鲜亮，那么的温暖，它散发着生命的芬芳，闪烁着智慧的光芒，这就是微笑——一张在人际交往中最好的名片。

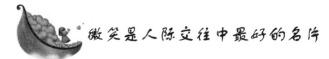

微笑是人际交往中最好的名片

生活中有这样一张名片，是那么的鲜亮，那么的温暖，它散发着生命的芬芳，闪烁着智慧的光芒，这就是微笑——一张在人际交往中最好的名片。

人生在世，充满着苦和累，也充满着美丽。而这美丽，正在于人能微笑。微笑，它能带来真诚，带来希望；微笑，它拉近了人与人之间的"距离"，并从中体会到快乐。微笑，确实是一张最好的名片！

在生活和工作中，如果你脸上总是能面带微笑的话，那对于你来说就是一笔巨大的无形资产。即使你的笑容不是那么阳光灿烂，那也不重要，重要的是你时常保持着微笑。在人们的工作和生活中，没有一个人会对一位终日愁眉苦脸的人产生好感。相反，一个经常面带微笑的人，往往也会使他周围的人心情开朗，并受到周围人的欢迎。在一般情况下，如果你对别人皱眉头，别人也会用皱眉头回敬你；如果你给别人一个微笑，别人就会用更加灿烂的微笑回报你。

在底特律的哥堡大厅内，曾举行过一次规模庞大的汽艇展览会。展览会上，人们可以任意选购各种船只，从小帆船到豪华的巡洋舰，只要有钞票，什么船都可以买到。

一个衣着普通的老头站在一艘价值1000万美元的大船面前，对销售员说："我想买这艘船。"

那位销售员看了看老头，主观地认定他不可能有钱买，就没有理睬他。

老头又说了一遍："我想买这艘船。"

销售员更加坚定自己的判断，他认为这个老头是在浪费他的宝贵时间，所以脸上一点笑容都没有。

"我想买这艘汽船。"老头又说了一遍。这是第三遍了。

销售员以为老头是在故意找茬，脸上非但没有笑容，反而变得

学会微笑常快乐

冷冰冰的。

老头看了看销售员那张没有笑容的脸，走开了。

老头继续参观。他来到了一艘价值 2000 万美元的船前，这次他受到了一个年轻销售员的热情招待。这位销售员脸上挂满了亲切的微笑。

热情的微笑让老头有了亲切的感觉。他笑着对销售员说："我想买你的这艘汽船。"

"没问题！"这位销售员说，他的脸上挂着微笑，"我会为你介绍我们的汽船。"

老头留了下来，签了一张 200 万美元的支票作为订金，并对这位销售员说："我喜欢人们表现出来一种他们非常喜欢我的样子，你现在已经用微笑向我推销了你自己。在这次展览会上，你是唯一让我感到我是受欢迎的人。明天我会带一张 1800 万美元的保付支票回来。"

这位老人是一位来自中东某国家的富翁。他很讲信用，第二天果真带了一张保付支票回来，购买了价值 2000 万美元的汽船。

读完上面的故事，我们不难得出这样的启示：不要把聪明挂在脸上，而是要将微笑时刻挂在脸上，因为在很多时候，笑容就是我们最好的名片，对沟通起着不可估量的作用。

在销售和服务工作中，每一个客户都是你的上帝，都很重要，微笑面对每一位客户，这是对客户最大的尊敬，也只有尊敬每一个客户，你才能获得客户的心，才有后面赢的机会。其实，不只有成交是如此，办任何事情都是一样，懂得用微笑去尊重他人的人，才有成功的机会。

有人曾说过这样的话："微笑的力量真的很大！当这股力量被释放出来，并不断用自己的信心补充能量时，它就会形成一股不可抗拒的力量，并足以克服一切困难。"

在销售和服务过程中，销售服务员可以将这股微笑的力量传递给每一位客户，并可以激发他们的想象力和购买欲。据一份调查表明，微笑在销售中占的分量为 95%，而产品知识只占 5%。当你看到一名新雇员在不知道成交方法，而只掌握一点最基本的产品知识，

第四章　交往的微笑：招呼式、应酬式、礼仪式的笑

却能不断将产品推销出去时，你就会认识到微笑是多么重要。

我们的客户也是有血有肉的人，也是一样有感情的，他也有种种需要，因此，你如果一心只想增加销售额，赚取销售利润，而冷淡地对待你的客户，那成交的可能性就微乎其微了。因此，面对客户时，你应该首先用微笑去打动客户，唤起客户对你的信任和好感，这样，交易才能顺利完成。

有时成功就来自对一个笑容的坚持。对我们来说，笑容就是最好的名片。

微笑是人际关系中的"润滑剂"

有一位领导讲了这样一段亲身经历：去年初，他到某单位任职，不久就发现，单位开会时，只要他在场，参加会议的人就显得很紧张，都不愿发言，就算发言也是哆哆嗦嗦的。他心里很纳闷，经过仔细了解，终于弄清了缘由。他的神情太严肃，总是板着面孔，让人感到害怕。打这以后，他从"脸"上做起，经常对着镜子练习微笑。同下级在一起时，尽量放松心情，谈笑风生。过了不久，在他主持或者参加的会议上，大家都能踊跃发言。由此，这位领导人深有感触地说：领导的脸是冷若冰霜还是挂着微笑，效果大不一样。

一位从事成人教育的干部说："我在学校主要是做招生工作，接触的都是自己花钱来学习的人。人家花钱就是到我们这里买知识的，就是上帝。学生有什么不满意，首先就是对我发火，谁让我是工作在第一线的人呢！谁让我是接触学生最多的人呢！他们不找我好像也找不到管这事情的人了。工作5年多了，看了太多的蛮不讲理、吵架、大哭和威胁，不管是多么严重的问题，即使打在了自己头上，我还是要面对学员微笑。我不能生气，如果我一旦生气，那后果不堪设想。"

虽然时时都有不想干了的冲动，但是看着很多学员学成而归，我们也高兴啊！还有就是学员夸你好的时候，知道我是多么想哭吗？

　　现在不管我去哪里办事情都微笑，有时微笑还会使工作效率事半功倍。微笑面对人和事，你会发现很多事情就迎刃而解了。

　　微笑的力量是巨大的。美国著名企业家卡耐基说："笑容能照亮所有看到它的人，像穿过乌云的太阳，带给人们温暖。"可以说，微笑是世界上最美的行为语言，虽然无声，但最能打动人；微笑是人际关系中最佳的"润滑剂"，无须解释，就能拉近人们之间的心理距离。当人们遇到挫折、心情不佳时，最想看到的就是微笑，最想得到的就是温情。微笑如同伸出的温暖的手，能帮助人们走出痛苦的泥潭，能起到化干戈为玉帛的神奇作用。

　　现在，微笑的作用受到了普遍重视。据报载，国外许多知名企业都要求管理人员学习微笑，以微笑待人；国内也有很多企业把学习微笑作为员工的必修课，以微笑树立良好形象、提升服务质量。也有不少党政机关和事业单位提出了"微笑服务"的要求，以微笑展现良好工作作风。就社会角色而言，领导更需要学会微笑。因为微笑表达的是认同、肯定、赞许，是理解、宽容、关爱——上级对下级微笑，下级就会产生"重要感"，消除陌生感；对下级板着面孔，下级就会产生自卑感，加剧紧张感。从这个意义上说，一个单位的领导会不会微笑，直接影响内部的人际关系、精神氛围和办事效率。

　　在现实生活中，也有一些领导对微笑的作用存有误解。他们认为，领导应该表情严肃，严肃才能有威严；如果常常微笑，就会失去威严。其实，严肃需要，微笑同样需要。有的场合需要严肃，有的场合需要微笑；有的时候需要严肃，有的时候需要微笑。不能不分场合、时间、对象，一概表情严肃，或者一概予以微笑。该微笑时就微笑，不但不会失去应有的威严，反而能增加自身的魅力。也有的人认为，作为领导，要让下级感到惧怕，惧怕才能服从。所以，不能轻易给下级笑脸。这种观点显然是错误的。出于惧怕而服从，不是发自内心的服从，不是真正的服从。这样的服从不仅不会给领导者增添威严，反而会损害领导者的形象。而且，下级有了惧怕之心，不敢给领导者提意见和建议，甚至不愿接触、接近领导者，这显然不利于领导者实施领导工作，这是很可怕的。

有的人说，我也知道微笑的重要，可是我天生不会微笑，怎么办？其实，这个问题并不难解决。有效的办法是，像唐太宗那样经常对着镜子学习微笑。当然，学习微笑，应从内心学起。这就需要领导以平等之心对待部属和群众，对部属有真情，对群众有真爱。有的人说，我心里有苦恼、有忧愁，想笑也笑不出来啊！的确，心有戚戚，很难"产生"微笑。但是，我们应该懂得，个人的情绪不好，不应该带到工作中，也不应该影响他人。最好的选择是，以微笑减缓苦恼和忧愁，以微笑对待他人和工作。可以说，自己处于困苦之境却仍能予人微笑，这是一种境界。

微笑是省力的，又是不易的。说它省力，是因为微笑只需动用13块面部肌肉，而皱眉蹙额需要动用47块面部肌肉；说它不易，是因为微笑来自爱心真情，来自宽阔胸襟，需要一定的修养和长期的坚持。

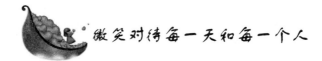

微笑对待每一天和每一个人

微笑着对待每一个人，无论你的职业如何，也无论你的身份如何，更无论你的地位如何，或者无论你的家世如何，等等，你都要微笑地对待每一个人。因为每一个人都有自己的闪光点与自我的尊严！

人们常说落架的凤凰不如鸡。每一个人都有不如意及不如别人长处的地方，永远也不要用瞧不起别人的眼光看人！那是对别人的一种伤害，更是自己的一种失败！对于每一件事情，不要因为一个人的暂时不如意，而将其全部否认。

生活的秘密就在微笑里。因此，不要总是板着脸，要经常微笑！有时不妨抱着一颗嬉戏之心对待生活！微笑着对待每一个人并不是对自己的降低，而是在提升自己！但愿这个社会能多些平和，也愿我们大家都多些接近！

地球不会因为你是孤身一人而停止转动，因此，即使只是一个

学会微笑常快乐

人，也要常常微笑！

据说每天出门前对镜子里的自己微笑，会有一天的好心情。今天你笑了吗？笑了吗？

早上起来刷牙洗脸梳头，哪怕时间再充裕，我也不会对着镜子微笑。有时抿一下嘴，看到自己脸上的酒窝，但并不是微笑。爸爸妈妈经常遗憾地说起我小时候有一对漂亮的酒窝，后来不小心在桌角重重撞了一下，酒窝就不对称了。

酒窝是微笑时显露的美貌，笑时我习惯用手遮住自己的嘴脸。笑时我一不注意就会笑出泪。喜欢看电视、摄影里的各种笑脸，微笑是最美丽的语言。你的笑也许不漂亮，但只要是自然的，流畅的，真实的，就是最可人的。

请记得对自己微笑，对别人微笑。

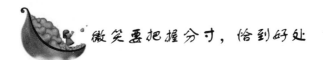

微笑要把握分寸，恰到好处

在所有的交际语言中，微笑是最有感染力的，微笑是放之四海而皆准的"人际交往的高招"。往往一个人微笑能很快缩短你与他人间的距离，表达出你的善意、愉悦，给人春风般的温暖。一个微笑，邻座的人就可能成为自己的朋友。一个微笑，会燃起一对青年男女的爱慕之情。笑暖人心，又能体谅家庭快乐，建立人与人之间的好感。微笑使疲倦者休息，拘束者轻松，悲伤者节哀，就像一种情绪的调和剂，更是人际关系的润滑剂。但是在运用微笑传情达意的时候，要注意做到以下几点：

1. 微笑要笑得自然

微笑是发自内心的，是美好心灵的外观。这样才能笑得自然，笑得亲切，笑得美好、得体。要注意不能为笑而笑，没笑装笑。

2. 微笑要笑得真诚

微笑既是自己愉快心情的外露，也是纯真之情的奉送。真诚的微笑让对方内心产生温暖，有时候还可能引起对方的共鸣，使之陶

第四章　交往的微笑：招呼式、应酬式、礼仪式的笑

89

醉在欢乐之中，加深双方的友情。

3. 微笑要在合适的场合

微笑并不是不讲条件的，也并不是可以用于一切交际环境。它的运用是很讲究的。当你面带笑容时，你的心情不会差到哪里去。当你面对一位笑容满面的人时，你也很难不对他报以微笑。微笑使人觉得自己受到欢迎、心情舒畅，但对人微笑也要看场合，否则就会适得其反。有时候，微笑让你看起来紧张、无助，特别是在笑得太夸张的情况下尤其如此。当你出席一个庄严的会议，去参加一个追悼会，或是讨论重大的政治问题，自然不宜微笑。当你同对方谈论一个严肃的话题，或者告知对方一个不幸的消息时，或者是你的谈话让对方感到不快时，也不应该微笑，或者要及时收起微笑。

4. 微笑的程度要合适

微笑是向对方表示一种礼节和尊重。但是如果不注意程度，笑得放肆、过分、没有节制，就会有失身份，引起对方的反感。

5. 微笑的对象要合适

对不同的交际对象，应使不同含义的微笑，传达不同的感情。不然难免会有适得其反的情况出现。

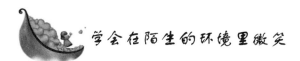

学会在陌生的环境里微笑

生活中难免置身于陌生的环境，在陌生的环境里，人人都习惯板起一张面孔，保护着原本虚弱的尊严，以免受到来自外界的侵犯和伤害。结果，陌生的环境照例还是陌生的，你所担心的那种"危险"仍然潜伏在你的周围。这样，不是反倒把自己搞得很累、很乏吗？

如果我们换一副表情，不要那种冷冷的傲慢的所谓尊严，不要紧绷着面孔，睁圆警惕与怀疑的眼睛，让我们微微笑一下，会不会好些呢？

学会在陌生的环境里微笑，首先是一种心理的放松和坦然。对

待陌生人，我们该多一些真诚和友善。我们根本用不着为那些人伪装，因为我们都只是擦肩而过的匆匆过客。你的冷面、他的冷面、所有人的冷面，构成了陌生的人际环境，制约着心灵的沟通和交流。而我们学会了微笑，你的笑脸、他的笑脸、所有人的笑脸尽管依旧"陌生"，依旧要擦肩而过，但我们的内心却再不会疲惫和紧张，我们的心里也变得轻松而愉快。人与人之间虽无言但很默契，我们在陌生的环境里感到的不再是陌生与冰冷，而是融洽和温暖。

学会在陌生的环境里微笑，是一种自尊、自爱、自信的表现。微笑是人类面孔上最动人的一种表情，是社会生活中美好而无声的语言，她来源于心地的善良、宽容和无私，表现的是一种坦荡和大度。微笑是成功者的自信，是失败者的坚强；微笑是人际关系的黏合剂，也是化敌为友的一剂良方。微笑是对别人的尊重，也是对爱心和诚心的一种礼赞。

在陌生的环境里学会微笑，你也就学会了怎样在陌生人之间架一座友谊之桥，掌握了一把开启陌生人心扉的金钥匙。

和一个人反目只要一分钟，和一个人相爱却要一个小时或者更长，而忘记一个人却要花上一生的时间。不要为了美丽的外表而动心，那也许只是假象；不要为了财富而动心，那终将变淡褪色。走向那个能够使你会心微笑的人吧，因为一个微笑可以把黑暗照亮。希望你能找到那个把你生命照亮的人。

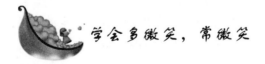

学会多微笑，常微笑

俗话说，笑一笑，十年少。大肚弥勒佛也是笑口常开，笑对人间诸众生。作家柯云路也曾说，每天早晨起来，我们要以微笑来面对新的生活和一切。是的，微笑确是重要和美好的，这个世界是需要微笑的，人人都是喜欢他人微笑的，人人都需要微笑。因为微笑能使人心情愉悦，能使人身心健康，能化解人与人之间的隔阂，冷漠和矛盾，能使人感到温暖和信任。

微笑人人都会，瑞士政府 2008 年年初却作出决定，投巨资教瑞士人"学会微笑"。

为迎接 6 月份由瑞士和奥地利联合主办的 2008 年"欧洲杯"足球赛，瑞士联邦政府日前决定，斥资 1250 万瑞士法郎（约 1100 万美元），委托瑞士国家旅游局实施一项"微笑工程"，让 5 万名接待人员"学习如何微笑"，以维护瑞士作为"欧洲杯"足球赛东道主和世界旅游胜地的国家形象。

"微笑工程"的具体做法是，在全国各地张贴"微笑的瑞士人"的广告画，聘请著名的职业戏剧演员到全国各地演讲、授课等。主要受训人员包括"欧洲杯"足球赛接待人员、警察、出租车司机、火车检票员、餐厅服务人员，而一些高级官员和大企业的高级职员也表示愿意接受培训并作出表率。

在欧洲国家中，由政府出资教授公民学习微笑，的确只有瑞士才能做得出，这也从侧面证实了瑞士人做事的严肃与认真。瑞士是个联邦制国家，由法兰西、德意志和意大利等多民族构成，受历史、文化、语言和民族习惯的影响，瑞士各地人"热情和微笑"的程度明显不同。苏黎世的银行家们与意大利语区的提契诺人相比，明显"缺乏热情"；德瑞巴塞尔的大医药化学公司的职员大多埋头工作，沉默寡言，而法瑞的葡萄园主们却时常露出发自内心的憨厚、甚至是天真的微笑。

生活在改革开放年代的人们，应该学会多微笑，常微笑，而且应该微笑得更好。这是因为，在我们的心灵里，有着对人类和一切生灵及宇宙万物的真爱，有着凭我们敏锐智慧的心灵而觉察到的宇宙万物的恒美，有着对自己生命能幸运地享受灵源甘露的哺育而快捷的超越、演化对前途光明美好的自豪。所以我们的微笑应当是爱心的微笑，真诚的微笑，信心的微笑，开心乐观的微笑，包容融合的微笑，谦虚的微笑，智慧喜悦的微笑和心灵灵性的微笑。

会微笑就是会大修炼，就有大气度。我微笑，你微笑，她微笑，人人微笑；山微笑，水微笑，天微笑，地微笑，日微笑，月微笑，万物微笑，梦里也在微笑。一切真实的存在都在微笑。在这喜悦和微笑中，不断地进行着大交流，大互动，大和合，大谐振，大增益，

学会微笑常快乐

大递归，大平衡，大进化，大超越和大统一！

朋友们，可别忘记呀，您每天早晨起来的第一件事，就是要微笑呀。

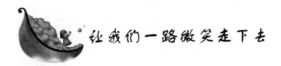

让我们一路微笑走下去

爱，赢得了一切，活在自己的领域，做着自己天性中该做的事，你就是自己真正的主宰者。而有些人却在为了过上某种更富裕的生活，在烦躁和不情愿中日复一日地忙碌着。

人们啊，可曾知道，昨天是一张作废的支票，明天是一笔不能提取的存款。今天，却是摆在你面前的现金。所以我们对于今天的活和明天的走，都应该有自己的感悟。

生活就是这样，平平淡淡的日子叙说着实实在在的故事。

当你顺利时，莫忘了自省；当你困苦时，莫忘了自强；当你挫折时，莫忘了自主。这样生活每天都是新的。活着快乐不仅仅在于你从哪个角度去欣赏它，更在于你从哪个角度去发现它、善待它。

人啊，曾有一生的时光摆在你的面前。人们却不曾好好地珍惜。当失去时，才知道珍惜，不怨天不怨地，只怨自己不去珍惜。要珍惜这个多情的世界吧！珍惜自己的人生吧！

不能过多地去计较已经失去的，却应当很珍惜尚存的。能够在平安、平静、平衡、平常、平凡、平和中，感到欣喜。能用微笑来看待这个多情的世界，却是一件不容易的事。

孔子的得意门生颜回身居陋巷，他能以一种平和的心态枕着自己的胳膊，微笑地送走一个个夕阳。颜回的人生是微笑的人生，这也许是一种至高无上的境界。

微笑的人，能够坦然地面对纷繁的世事，能够宠辱不惊地正视自己的生存时空里的尴尬与不幸。因为他们心平气和，内心富有而时时的微笑。

微笑是心灵的盛宴、是生命的乐土。不经意的微笑里，其实包

93

含着人生的大智慧、大彻大悟，能够时时面含微笑，那该是一种怎样的万金不易的幸福啊。

然而，又有多少人享受这种身边的幸福呢？滚滚红尘之中，多少贪欲的人为了地位、金钱，机关算尽，编织着一张张名利网，他们的欲望什么时候真正地满足过、停止过呢？

汲取物欲者，往往迷失了人的本性。只有那些心平气和、具有生活智慧的人，才能发出内心恬淡的微笑。微笑着的人生，应该是人生至高的追求。

用心微笑吧！芸芸众生，没有谁会比永远拥有一颗快乐之心更富有。

的确是这样，人们将自己的全部精力和热情积攒成岁月的长河，所以应当微笑地看待和享受辛勤后的成果和满足。人生在世，纯物质的享受不是最终的归宿，也不能从中得到快乐和微笑。只有从追求中享受生命的价值，才是真正懂得享受、才有真正的快乐、才会真正地微笑着看待这个世界。

微笑，是一种纯情的驱使；微笑，是一种默默的抚慰。有了微笑，天上人间都散发着静谧的温馨。

不要感叹世间糟蹋了多少诗意、温情。因为这个多情的世界是美好的。当一个人被人感知、被人尊敬，那不是因为貌美、不是因为他富可敌国，而是因为他竭尽所能，为别人付出了爱和微笑。

对于对手，微笑是大度；对于伤害过自己的人，微笑是宽容；对于陌生人，微笑是交流；对于朋友，微笑是友谊；对于亲人，微笑是挚爱……

让我们一路微笑走下去吧！心情，会因为微笑而快乐；事业，会因为微笑而成功；人生，会因为微笑而精彩。

谁偷走了我们的微笑

有一次，北京市 600 多名小学生走上街头，向过路的陌生人微笑。面对孩子们的笑容，七成路人面无表情，仅有一成多的人回报以会心的微笑。在孩子们印象里"老年人比较热情，年轻人比较冷漠。"

面对天真烂漫的微笑，我们为什么视若无睹，连一丝微笑都挤不出来？专家指出，在大都市生活的人通常会有一套防御心理。

此说不无道理，但似乎难以涵盖我们郁郁寡欢的种种原因。

究竟是我们不愿意微笑还是不能微笑？我们看到，有人不停地美化苦难，甚至将苦难诗意化、哲理化，却很少人去礼赞微笑，究竟是我们苦难太多还是压力太大，抑或两者兼之？

随着马齿渐长，我们越来越不会笑了。令人悲哀的是，不仅我们成人的笑容越来越少，孩童也笑得不那么真切。中国关心下一代工作委员会专家委员会委员、著名"知心姐姐"卢勤曾说："去年我到非洲去，虽然当地生活很贫困，可不论我走到哪里都可以看到孩子们面带微笑。给他们照相时，每一个人都笑得非常灿烂。"在中国给孩子们照相前人们会说"茄子"，可你发现孩子们笑得并不真实，这是为什么？卢勤的答案是，今天的孩子们觉得太累了。

清晨，大街上车水马龙，上班的人群脚步匆匆。在计划时间内来到了离家最近的公交车站，站台上有的人一边啃馒头，一边在等车，已顾不上绅士或是淑女的形象了，每个人都面无表情，清晨的公交车站成了一个静寂的地方。这里没有对话、没有微笑，甚至连埋怨也没有。许多人静静地站着，极其耐心地站着。年轻的姑娘该有微笑吧？没有，她们双手环抱，低着头，看着公交车开来的方向。孩子们该有微笑吧？没有，他们背着沉重的书包，脸色疲倦而焦急。

上了公交车，边呼吸着污浊的空气边在想：清晨，这里的人们心事为什么那么重？清晨，空气是那么清新，洒过水的街道湿漉漉的，没有灰尘扬起。太阳已经升上来了，金色的光辉从树梢间斜射过来，这是多么美好的清晨。人们经过了一夜的酣睡，该精神抖擞才对。可是，如此美妙的清晨，人们的表情为什么像地球末日即将来临般严肃？有谁能回答这个问题吗？

公交车慢悠悠地离站，于是，心里开始想象着将要面临这一天紧张的工作，脑海里浮现出上级挑剔而冷峻的脸。此时，自己的脸

第四章 交往的微笑：招呼式、应酬式、礼仪式的笑

95

上也早已写上了忙碌……忽然间似乎找到了答案：人们的生活节奏越来越快了，工作压力越来越大了，每天早晨睁开双眼想的就是怎样去完成一天的工作……我们的大脑已被工作塞满，我们已没有心情去体会清晨的美妙。

是的，我们越来越趋同于新加坡及东京、纽约人的生活节奏。但是，我们又有什么理由，让我们在这个美妙的清晨，丧失自己最醉人的笑容，我们为什么不能对昨晚一场美美的睡眠、对清晨的风和日丽而露出欢颜呢？我们为什么不能让每一天都过得快乐一点呢？

谁偷走了我们的微笑？能够归还给我们吗？什么时候我们能够笑靥如花？能够多一点微笑，多一点发自内心的微笑？

有人说，微笑是最动人的花朵，微笑是最美丽的语言，微笑是最能拉近距离的法宝。一个城市的表情如果是微笑的，这个城市一定是包容的、博爱的；一个人如果经常保持微笑，这个人一定是敦厚的、友好的。曾几何时，上海市成立首支微笑志愿者队伍，要让亲切的"城市表情"在微笑间传播；曾几何时，长沙开展"美在长沙，十张笑脸"评选，因为"在市场环境中，微笑就是市场有序、客商和谐最生动的表情"。在北京，"微笑圈"正式发布，由奥运五环颜色红、黑、绿、黄、蓝五色组成。一言以蔽之，我们太需要微笑了。在冰冷的水泥钢筋丛林里，我们要用微笑化解隔膜，用微笑浇出和谐之花。

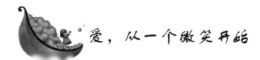

爱，从一个微笑开始

爱，从一个微笑开始，淡淡的自然而清新。爱一个不爱你的人是痛苦的，爱一个人却没有勇气让他明了你的心是更痛苦的。

也许上天故意让我们在遇到生命中的真命天子之前，遇到几个有缘无分的人，这样我们才能学会去珍惜这份迟来的礼物。随着一切冲动、激情、浪漫的消失，你对那个人的关心及牵挂仍然丝毫未减。那便是爱了。

生命中最悲哀的事莫过于放弃追逐你所爱的人，看着他远离。他对于你的重要并不能使他回馈给你什么。无论你追逐多久，你还是要让他走，无能为力。

我们容易沉浸在现有的快乐中，久久陶醉而不能自拔，当这快乐突然消失，我们茫然不知所措，为失去的快乐陷入苦闷的深渊，却没有发现在生命中的其他地方还有太多快乐等待着我们去感受。最好的朋友不需要任何语言的沟通，当他走过时，你只需坐在回廊上，轻轻地挥挥手，却觉得是你曾经有过的最美妙的沟通。

我们在失去的时候才懂得曾经拥有，可我们也常常在得到时发现我们曾经缺少的。

在付出爱的时候，谁也不确定会得到回报，不要期待着得到爱，慢慢地等待你的爱在他的心中生根发芽，即使不会，你也应当满足，因为你心中已有了一片爱的绿洲。

也许有许多话永远也不可能从你期望的人的口中说出，这将是最大的悲哀与痛苦！如果你的心还没有安定，那么请你永远不要说放弃。如果你还爱他，为什么要说不爱？爱情属于那些曾灰心失望却仍继续期待的人，爱属于那些曾被出卖被欺骗却仍坚信美好的人，爱属于那些纵然伤痕累累，却仍渴求爱的人。不要让你喜欢的人太过难过和痛苦！如果你爱她就告诉她！

希望你能找到那个把你生命照亮的人。当你深深思念的人出现在梦中时，你真的希望能够感受他真实的拥抱。希望你的生命中有个可想可梦的人。

做你想做的梦，做你想要做的事，去你想要去的地方，和你喜欢的人在一起，成为你想要成为的人，喜欢你喜欢的人！因为你只有一次生命来满足你的要求。

什么才是最快乐的人？他们是哭过的人，受过伤的人，追求过的人，尝试过的人，充满感激的人，而又重新快乐起来生活的人！是真正懂得快乐的人！

爱从一个微笑开始，在快乐中得以延伸，却随眼泪逝去……

第四章　交往的微笑：招呼式、应酬式、礼仪式的笑

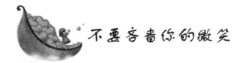

不要吝啬你的微笑

微笑是冬日里的阳光，让寒冷不堪的人感到温暖；微笑是夏日里的清泉，让口干舌燥的人感到清爽；微笑是缀于叶间的一颗露珠，虽小，却也折射出了人间最美丽的光辉；微笑是连接心灵的一座桥，虽短，却也让你我不再陌生……

一位智者在自己的著作中这样写道：

忧郁者：尊敬的人间智慧者，告诉我吧，如何才能让我跳出忧郁的深渊，在欢乐的大地上尽情玩耍？

智者：请学会微笑吧，向所有的一切。

忧郁者：可是，我为什么要微笑呢？我没有任何微笑的理由呀。

智者：当你第一次向人微笑时，不需要任何理由。

忧郁者：那么，第二次微笑呢？以后我都不需要任何理由地微笑吗？

智者：以后，微笑的理由会按它自己的理由来找你。

于是，忧郁者走了，他要按着智者的指引去寻找微笑，去付出微笑。

半年过后，一个快乐者来到智者面前。

他告诉智者，他就是半年前那个曾求教于智者的忧郁者。

现在，他的脸上阳光灿烂，充满自信，他的嘴角，总是挂着真诚的微笑。

"现在，你有了微笑的理由了吗？"智者笑问。

"太多了！"曾经的忧郁者说，"当我第一次试着把微笑送给那位我曾熟视无睹的送报者，他还我以同样真诚的微笑时，我发现天是那么的蓝，树是那么的绿，送报者离去时哼着的歌是那么的动听！"

"当我第二次把微笑送给那位不小心把菜汤洒在我身上的侍者时，我收获了他发自内心的感激，我似乎看见了人与人之间流动着的温情，这温情驱散了我内心聚积着的阴云。"

"后来，我不再吝惜我的微笑，我把微笑送给街边孑然独行的老人，送给天真无邪的孩子，甚至送给那些曾经辱骂过我的人。我发现，我都收获了高于我所付出几倍的东西，这里面有赞美、感激、信任、尊重，也有某些人的自责和歉意。这都是人间最美好的情感啊，它让我更加自信、更加愉快，也更加愿意付出微笑。"

"你终于找到了微笑的理由"，智者说"假如你是一粒微笑的种子，那么，他人就是土地。"他们相视而笑。

微笑是化解误会的良药。当你和别人发生矛盾时，千万不要吝啬你的微笑，从你的微笑中，别人看到了理解，感到了纯真，受到了触动，一切矛盾便冰消雪化……

对别人，不要吝啬你的微笑，对自己，更不能吝啬你的微笑，因为自我的微笑是心灵纯洁的催化剂，自我的微笑是人生腾飞的燃料，它胜于别人的一切言语，却让你的生命得到了升华。

人生总有许多不如意。当一个又一个挫折接踵而至的时候，我们别无选择，只有勇敢面对，在这样的时刻，给自己一个微笑吧，让它成为你微笑的力量。

在生命的弥留之际，陆幼青躺在病床上，微笑着面对眼前一盆怒放的鲜花说："我还在与死神进行着谈判"。这是大将风度的微笑，这一微笑是多么的豁达，它让每一个生命的弱者感到了坦然面对生死的勇气。

不要吝啬你的微笑，让自己生命的风帆毫无拘束地遨游于海洋吧！即使风浪第 1000 次迫你靠岸，给自己一个微笑吧，重新鼓起勇气，积攒力量，进行第 1001 次的起航。

不要吝啬你的微笑，当你微笑时，你的笑靥激起了别人心灵深处最平静的激流，因为你的微笑让别人看到一个美丽可爱的你。淡淡的微笑永远让人回味无穷，因为它是人们情感最自然的最会心的流露。

蒙娜丽莎的微笑一直被人们视为最珍贵的一瞬，这一瞬却也是作者的成功之笔，作者抓住了这一瞬，让观众从她的微笑中感到了她内心苦楚，因为微笑是自然的，不管你是痛苦还是快乐的，你的

第四章　交往的微笑：招呼式、应酬式、礼仪式的笑

情感总是最自然地流露。

　　不要吝啬你的微笑，当别人处于困境时，给他一个微笑吧，那会成为别人前进的动力，当自己处于困境时，给自己一个微笑吧，你会因此而突破人生的隘口。

 ## 微笑对人是全年无休的

　　许多成功的人士有其共同的特点，那就是他们都具有亲和力。而最吸引人的，就是那灿烂的笑容。行动比语言更具说服力，一个亲切的微笑正告诉别人："我喜欢你，你使我愉快，我真高兴见到你。"

　　有人说，美人的笑最迷人。是啊，人们谁会忘记王昭君那回眸一笑？昭君出塞，要踏上旅途时，回首长安城，她笑了。我敢说，那是自古以来最美丽的微笑。它的力量不容忽视，这是昭君纯真心灵的体现，是昭君心系国家的真实写照。这一微笑，是昭君下了多大决心，进行了多少心理斗争才笑出来的呀。我们不曾知道，但我们可以理解，就是这微笑，使长安城转危为安。难道王昭君的笑只是迷人吗？不，她的微笑更是伟大的，坚强的！

　　还有人说，革命者的笑最刚毅，这使我不由想起了刘胡兰。由于被叛徒出卖，刘胡兰被敌人抓住，并对其进行严刑逼供，但她宁死不屈。在走向铡刀前，她笑了，这一笑，深深地印在了围观群众的心里，更犹如一把尖刀，狠狠地刺入敌人心脏。或许，这微笑像一盏启明灯，引导中国人民将革命进行到底，又仿佛一个信号，预示着胜利即将到来。这微笑，不仅代表了美丽，更代表她是勇敢，顽强的！

　　一位年轻的母亲近来大有所悟。她说，昨晚放学后女儿对我说："妈妈，下午我们班同学上学路过咱家门口时看到你了，他们说你的脸吊得特长，挺吓人的。

　　女儿说的是昨天下午六时，那是我把自己锁到了门外进不去而心烦，回想起自从搬到租的房子里就没顺过，难免吊起了脸。

女儿同学的话让我陷入沉思，我已记不得多久没有发自内心地笑了，偶尔对女儿笑笑还挺勉强，是什么改变了我呢？昨天把自己锁到门外时我心里居然在想，凑合着活吧，今早想起来才感觉到可怕，我还不到40岁，这要凑合到何时呢？阿Q都在用精神胜利法使自己活快，我为什么不可以？

细细想来没电没水的日子真那么可怕吗？它或许会给我的生活带来不便，但不足以让我吊脸啊，停了十几天水可以让我从此养成储蓄水、节约用水的习惯；没电嘛，是挺讨厌的，反正我也不喜欢做饭出去吃得了，就拿昨天把自己锁到门外来说吧，这未必是一件坏事，它可以让我反思是什么原因把自己锁到门外了，下次类似的错误就不会再犯，这样的错或许可以把我锻炼成一个细心的人，要知道成为一个细心的人一直是我所追求的。

以前每当我叹气时，爸爸妈妈总是说，生活中不如意的事太多了，你才30多岁有什么事可以让你叹气呢，长得那么漂亮笑着面对生活你会更美的。

好多人说我长得漂亮，今早我照镜子时试着露出八颗牙齿，我发现镜子里笑着的我还真很迷人。

面带笑容的人，通常对处理事务、教导学生或销售商品等行为，都显得更有效率，也更能培育出快乐的孩子。笑容比皱眉头所传达的信息要多，所以从教育的立场来说，鼓励要比惩罚来的有效。

对于那些时时愁眉苦脸，闷闷不乐的人来说，你的笑容就如阳光穿过云层。因为笑容是一个善意的使者，可以使见到的人，生命都因之变得有希望。那些处于压力下的人，不论他们的压力是来自上司、顾客、师长、父母或小孩，一个亲切的微笑可以使他们觉得一切并非完全无望——这个世界仍然有快乐存在。

常言道："笑一笑，十年少。"当我们遭遇挫折时，不要愁眉苦脸，我们用微笑去面对；当别人取得进步时，我们也应报以赞许的微笑。给心灰意冷的人报以微笑，干涸的心田就此滋润；给劣迹累累的人以微笑，污浊的心灵就此纯洁……这是微笑的力量啊！

所以，经常面带微笑的人，到处都会受到欢迎。别让烦躁使

第四章　交往的微笑：招呼式、应酬式、礼仪式的笑

你忘了微笑，别因忙碌让你丢了笑容。记着，微笑对人是全年无休的！

 "请把我的微笑留下"

有一首名为《微笑》的歌流传甚广："请把我的歌，带回你的家，请把我的微笑留下……"当我们早上去上学或工作时，给同学或同事一个甜美的微笑表示问候，会带来一天的友好气氛；当我们取得一些进步，老师给我们一个真心的微笑，会给予我们最大的鼓励，使我们有信心和力量做得更好；当我们在超市购物时，服务员们给我们热情的微笑，会给予我们一个愉快的购物心情；当我们失败沮丧时，朋友们给我们一个关怀的微笑，会给予我们勇气从失败中重新站立起来。

由此可见，我们生活中时时刻刻都需要微笑，因为它的力量是难以估量的。一位大学二年级的女生给我讲了她参加英语演讲比赛的经历和体会：

上个星期，学校的英语协会举办了第三届英语演讲比赛，我立刻报名参加，我的一名室友也参加了。由于我去年参加过，不怎么紧张，而她则是第一次参加，心里格外的紧张。在比赛前几天，她因还不能流利地把演讲稿背熟，准备放弃这次演讲。但是我们几个室友都鼓励她，重在参与，都准备了，又何必退缩呢！之后，她又继续努力准备起来。在比赛当天，我是第十二个上场的，同学们都说我的演讲不错，给了我很大的鼓励。而她是全场倒数第二个上场，心里有压力，赛前还在背诵演讲稿。而且在她演讲前，主持人报了除她以外所有演讲选手的得分。这时，大家都有些不愿听了，但是她还是上场了。出乎我们的预料，她演讲得非常出色。这不仅是因为她有柔美的嗓音，更重要的是她在演讲时脸上一直挂着微笑。最后以高分击败全场所有选手，夺得了冠军。

在比赛结束后，我一直在寻找自己不足之处。其中一点，就是没有保持微笑。因为微笑会给听众亲切的心情，给予评委深刻的印象，给予自己自信的力量。

这位室友对参加这次比赛刻骨铭心，她深有体会地说："微笑的力量是巨大的，它有时是一剂良药，是保持心情愉快，青春永驻的秘方。有时是人与人之间最快速、最有营养的黏合剂。微笑，简单，有趣，经济，而且免费。"

每天给他人一个微笑，友好的阳光会洒遍我们的周围；每天给自己一个微笑，快乐的天使会一直伴我们左右。

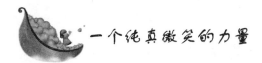

一个纯真微笑的力量

每天当你遇到疲惫的人时，记住有人需要微笑。

我把要买的商品放在传送带上。慢慢地，我那些东西移向收银员。

收银员一脸倦容，我从她的脸上看得出来。她轮班的时间要到了。她肯定一直在那里站着按了一天的收银机。我知道收银机不再响铃了，因为它们都电脑化了，但我做出纳时，收银机都响铃。

两岁的儿子乔西斯和我在一起。

收银员强打精神工作着。

乔西斯随着传送带站在她面前，他矮小的身材离传送带顶还有几英寸。我不知道是什么让他离开我站在了那里。孩子们有时更多的是依靠本能，而不是逻辑，进行活动。

他站在那里，仰起头。

收银员感觉到了什么，低下头。"噢，天哪，看那微笑！"她惊叫道。

她像变了个人，疲倦和低落一扫而光，看上去就像刚开始工作似的神采奕奕。

乔西斯继续站在那里微笑着，她继续精神抖擞。

我明白那不是一个孩子的力量，而是一个纯真微笑的力量。

第四章　交往的微笑：招呼式、应酬式、礼仪式的笑

我们走出商店时，收银员还是喜气洋洋。

乔西斯一句话没说，只是微笑。

记住，你也拥有这样的力量。

每天你都会遇到某个疲惫、厌烦和低落的人。对许多人来说，镜子里的那个疲惫、厌倦、低落的人正是自己。

即便是在镜子里，微笑的力量仍会发生作用。

你微笑时，面部肌肉会因大脑里的某个特定的腺体而收缩，分泌荷尔蒙来减轻压力，产生一种轻微的快感。

马上微笑吧，看你的大脑里是否也有这样的腺体。

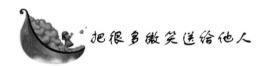

一句古话说："你若不知该说什么好，就什么也别说。"我想可以改为："你若不知该说什么好，至少微笑一下。"其实不在于说了什么，而在于微笑不语中。

大约 10 年前，我处在受到虐待的家庭关系中。这种关系持续了 10 年。在此期间，我所有的想法都很消极，整天思来想去的都是如何带着孩子们摆脱这种关系。这种消极的想法已经让我远离现实，所以我对一切美好的事情也都熟视无睹。

后来，有一天，我去银行办事。我站在那里排队时，和平常一样全神贯注地想着如何生存下去。我突然感觉仿佛有人在目不转睛地看着我。我抬起头，看到一个男人带着儿子排在我前面。那人和孩子正在看着我，然后他们相互看了看，又看着我。他们俩周围有一种我以前从未见过的光，他们一言不发，只是微笑着。我现在想不起来了，但我可能没有对他们微笑。我当时目瞪口呆，忘记了周围的一切，我的生活、银行和所有正在发生的事情。我一办完事，就跑出银行，去看他们朝哪里去了。可是，他们已经不见了踪影。而那种微笑却深深地嵌入了我的脑海。我找到了离开那种虐待关系的力量，开始了一种新的生活。对我来说，那两个"客人"就是天使。

我回想这段帮助我改变人生的美好经历时，感到非常幸运，尽管得到的仅仅是一个微笑，但我现在却把很多微笑送给他人。

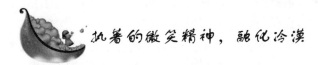

执著的微笑精神，融化冷漠

没有人拒绝微笑，而执著的微笑精神，往往是通向成功道路的必要方法之一。

单位位于闹市区，上班时间经常有小商小贩趁门卫不注意，偷偷溜进办公大楼推销商品。有时当我们专心致志地工作时突然有商贩敲门，有的甚至不敲门直接推门进来推销商品，打扰我的工作，让沉浸在材料中动脑筋的我头疼不已，十分反感。

有一天，一个小伙子敲门走进我们办公室，用格式化的语言礼貌地说道："对不起，打扰一下，我是某某公司的驻地代表，请问你们是否需要电脑清洁纸巾？如果需要，我们可以给你们优惠。"见多了形形色色上门推销的商贩，专心工作的我们对此并不感冒。一位同事说："你好，我们不需要你的产品，不要扰乱我们的工作秩序，上班时间不允许推销商品，请你离开好吗？"深受其扰的我们一脸不悦，给他冷冰冰的脸色。

他并没有沮丧，带着微笑温和地说："不买也可以啊，请允许我给你试一下产品好吗？"还没等我们同意，他很快拿出一包纸巾擦拭我们电脑上有污垢的部位，动作十分投入、认真娴熟，但埋头工作的我们并没有买他的账。见状后他还是礼貌地说了声："对不起，打扰了，再见！"

片刻，他又回来了，他说："你们领导说了，需要这种产品，请你考虑考虑好吗？"一个同事开玩笑地说："领导需要就让领导买去，我们不需要，请你还是走吧！"同事的话没有一点商量的余地。他并没有因为我们的冷漠而放弃可能赢得的希望，努力详细地介绍他所推销的产品的性能和好处。最终，忙于工作的我们谁也没有理睬他，在我们看来，他很自讨没趣。他使出浑身解数推销，但是，无论他怎么游说，我们没有一个人动心。最后，他还是微笑着离开了。

第二天早上一上班，他又来了。还是一样的诚恳、一样的期待，我们一样的冷漠、一样的脸色，很坚决地拒绝了，并明确地告诉他：如果再来打扰我们工作，我们就不客气了。让我纳闷的是，不论我们对他有多么讨厌、冷漠、拒绝，他脸上始终洋溢着笑容。没有一点不悦的表情，微笑着进来，微笑着离开。我在想，如果我遇到这样的情况，肯定早已经放弃了。

第三天他还是来了，但得到的还是同样的遭遇。我们以为吃了几次闭门羹的他会放弃，第四天不会再来了。没想到的是第四天他又出现在办公楼内。考虑到单位电脑较多，我们答应买他300多元的产品，前提是他必须拿出正规有效的发票，否则不予购买。他的发票是上海市的，尽管有水印，可财务人员不在，我们不能确定发票的真伪。最终我们明确告诉他不要了，请他到别处去推销。他眼里闪出一丝希望的光芒，连声说谢谢，微笑着告退。

第五天他仍然来了，出乎意料的是，他不但带了价值300元的产品，还带了税务部门的发票鉴定证明！我们买下了他的产品。他临走时，我一改往日的冷淡热情地问："我真的服了你，难道你就没想到过放弃？有何秘诀？"他一脸阳光，给我一句掷地有声的话："没有一块冰不被阳光融化！没有人拒绝微笑，就这么简单。谢谢，我走了。"

我愣住了，想想也是，我们给他太多冷漠冰霜，但是最终被他的执著融化了。

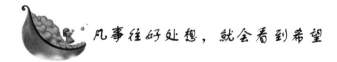

凡事往好处想，就会看到希望

有一句话说得好，快乐的最好方法就是多看看比你还不幸的人。悲观的失败者视困难为陷阱，乐观的成功者视困难为机遇，结果就有两种截然相反的人生。生活不是缺少美，而是缺少发现。凡事从好处想，就会看到希望，有了希望才能增添我们生活的勇气和力量。

圣诞节前夕，甘布士欲前往纽约。妻子在为他订票时，车票已经卖光了。但售票员说，只有万分之一的机会可能会有人临时退票。甘布士听到这一情况，马上开始收拾出差要用的行李。妻子不解地问："既然已经没有车票了，你还收拾行李干什么？"他说："我去碰一碰运气，如果没有人退票，就等于我拎着行李去车站散步而已。"等到开车前3分钟，终于有一位女士因孩子生病退票，他登上了去纽约的火车。在纽约他给太太打了个电话，他说："我会成功，就因为我是个抓住了万分之一机会的笨蛋，因为我凡事从好处着想。别人以为我是傻瓜，其实这正是我与别人不同的地方。"

拎着行李去散步，抓住万分之一的机会。多么积极的心态！多么平和的心态！

从不抱怨命运，总是找快乐、找希望、找机会，这就是美国百货业巨子作为成功者的品格。

有一个叫米契尔的青年，一次偶然的车祸使他全身三分之二的面积被烧伤，面目恐怖，手脚变成了肉球，面对镜子中难以辨认的自己，他痛苦迷茫。他想到某位哲人曾经说的："相信你能，你就能！问题不是发生了什么，而是你如何面对它！"

米契尔很快从痛苦中解脱出来，几经努力、奋斗，终于成为一个成功的百万富翁。此时此刻，他不顾别人的规劝，非要用肉球似的双手去学习驾驶飞机。结果，他在助手的陪同下升上天空后，飞机突然发生故障，摔了下来。当人们找到米契尔时，发现他脊椎骨粉碎性骨折，他将面临终身瘫痪的现实。家人、朋友悲伤至极，他却说："我无法逃避现实，就必须乐观接受它，这其中肯定隐藏着好的事情。我身体不能行动，但我的大脑是健全的，我还可以帮助别人。"他用自己的智慧，用自己的幽默去讲述能鼓励病友战胜疾病的故事。他走到哪里，笑声就荡漾在哪里。一天，一位护士学院毕业的金发女郎来护理他，他一眼就断定这是他的梦中情人，他把他的想法告诉了家人和朋友，大家都劝他：这是不可能的，万一人家拒绝你多难堪。他说："不，你们错了，万一成功了怎么办？万一答应了怎么办？"

多么好的思维，多么好的心态！米契尔勇敢地向她求爱。两年之后，这位金发女郎嫁给了他。米契尔经过不懈的努力，成为美国人心中的英雄，成为美国坐在轮椅上的国会议员。

学会微笑常快乐

第五章　自然的微笑：发自内心、自然流露、和谐的笑

　　微笑，是美丽人生的一道亮丽的风景线，使我们的人生有了许多亮点，它像一朵花开在我们的心里。

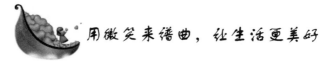

用微笑来谱曲，让生活更美好

微笑，是美丽人生的一道亮丽的风景线，使我们的人生有了许多亮点，它像一朵花开在我们的心里。

微笑是冬日里的阳光，它沟通了我们彼此的心灵，让我们不再陌生。它融化了人们心中的坚冰，揭开了掩盖在心灵上的面纱。因为有了微笑，我们彼此间坦诚相待。寒冷、刺骨的冬日，便在微笑中升温。

微笑是春风，是雨露，滋润着我们的心由；微笑能化干戈为玉帛，让世界多了分和平与静谧，少了分战争和血泪；微笑是桥，即使你我来自不同的国家，讲着不同的语言，然而从你微笑的脸上，我看出了真诚与友善，你我的心灵便在那一刹那沟通；微笑是清泉，是溪流，洗涤了我们心灵上的污垢，让我们更加纯洁和自信，微笑是我们人生不可缺少的一个重要部分。

人生就像一首曲子，让我们用微笑来谱曲，用行动来歌唱。我相信我们会唱出最美、最动听的曲子，我们的人生将会有质的飞跃，在历史的长河中，将会留下我们的歌声。

光明使我们看见很多东西，也使我们看不见很多东西。假如没有黑夜，我们看不到闪亮的星辰。因此即使是曾经一度使我们难以接受的痛苦磨难，也不会是完全没有价值的。它可以使我们的意志更坚定，思想、人格更成熟。因此当困难与挫折到来时，应平静地面对、乐观地处理。

你不能决定生命的长度，但你可以扩展它的宽度；你不能改变天生的容貌，但你可以时时展现你的笑容；你不能指望别人控制你，但你可以好好把握自己；你不能全然预知明天，但你可以充分利用今天；你不能事事顺利，你可以做到事事尽心。

在生活中，一定要让自己豁达些，因为豁达的自己才不至于钻牛角尖，也才能乐观进取。还要开朗些，因为开朗的自己才能把快乐带给别人，让生活中的气氛显得更加愉悦。

心里如要常常保持快乐，就必须不把人间琐事当成是非；有些人常常烦恼，就是因为别人的一句无心话，他却有意地接受，并堆积在心中。

一个人的快乐，不是因为他拥有的多，而是因为他计较的少。多是负担，是另一种失去；少非不足，是另一种有余；舍弃也不是一定失去，而是另一种更宽阔的拥有。

美好的生活应该是时时刻刻拥有一颗轻松自在的心，不管外界如何变换，容自己能有一片清静的天地，清静不在热闹繁杂中，更不在一颗所求太多的心中，放下牵挂、开阔心胸，心里自然清静无忧。喜悦能让心灵保持明亮，并且充满一种确实而永恒的宁静，我们的心念意境，如能时常保持清明开朗，则展现于周遭的环境，都是美好而良善的。

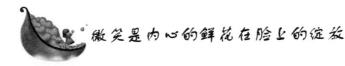

微笑是内心的鲜花在脸上的绽放

有人说，微笑是内心的鲜花在脸上的绽放。当我听到这句话时，眼前不禁浮现出这些人物：霍金、海伦·凯勒、张海迪、桑兰、赵丽蓉……

赵丽蓉在年轻时就是一位优秀的评剧演员，到了晚年还在不懈地追求艺术，演起了小品。人们早已习惯在春节联欢晚会上等待着赵丽蓉上演的每一个精彩小段。可你知道，赵丽蓉在表演小品《包装》时，就已身患绝症。但她还忍着病痛排练，微笑着面对一切，如期给观众献上了一个精彩节目。

走自己的路，做喜欢的事，留一份坦然给自己。

微笑着等待，等待未来，等待花开，等待那份精彩与无奈。

在微笑中展示，在微笑中积累；微笑着舍弃，舍弃追逐，舍弃浮华。

微笑着为自己喝彩，成也微笑，败也微笑。

第五章　自然的微笑：发自内心、自然流露、和谐的笑

111

微笑中收获，微笑中历练，苦也微笑，乐也微笑。

微笑中百媚生，微笑中气魄在。

埋怨、唠叨、自责、悲愤、不平，潇洒走远点。

我只会——微笑。

微笑面对世界，微笑面对生活，微笑面对自我，微笑面对芸芸众生。

让我们——微笑面对一切。

还有人说，当你微笑时，世界也对你微笑。这句话使我想起了一个小故事：一架飞机上，乘客让服务员端来咖啡，因工作太忙，空姐没有及时把咖啡端给乘客，之后又不小心把咖啡洒到了乘客的身上，乘客十分气愤，要投诉空姐。而空姐并没有抱怨，却微笑着向乘客道歉，并在每次经过那位乘客时，都微笑着，热情大方地为他服务。飞机着陆时，乘客主动找到空姐，诚恳地说："你的12次微笑征服了我，谢谢你的服务，我不投诉了！"

这不就是微笑的力量吗？它像星光照耀着我们的心房，像春风融化了人与人之间的隔膜。让我们微笑吧，微笑面对一切挫折，去亲身感受微笑的力量！

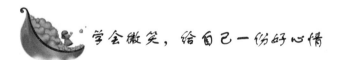

学会微笑，给自己一份好心情

世界上的每一个人，都希望自己能够过上美满幸福的生活，希望自己能够有一个好的未来，受到别人的关注和尊重，其实这一切都很简单，学会微笑，学会给自己一个好心情。当我们抱怨为什么自己失败多于成功的时候，我们不妨反思一下，我们是不是心情差的时候多于好的时候？人可以老，但是心却不能老。杰瑞是个乐天派，不论遇到好事坏事，整天都笑嘻嘻的，好像孩子一样，家人说他是个长不大的孩子，整天没个正形。而他自己则说，之所以能每天过得很开心，就是因为自己还是个"孩子"，还有一颗"童心"。

耶稣曾经抱起孩子告诫众人："除非你们改变，像孩子一样，你们绝不能成为天国的子民。因为天国的子民正是像他们这样的人。"孩子是快乐的天使，幸福的吉祥物，和他们在一起，你会感到年轻了许多。

有的人说孩子之所以快乐，是因为他们只知道玩乐，而不用像大人们一样整天要考虑衣食住行。其实并非完全如此，孩子也有他们的心事，他们要考虑的事也很多，诸如：如何才能取悦家长，如何才能不让老师发现小秘密，和小朋友到哪里去玩，等等。他们之所以整天无忧无虑，主要是因为他们考虑事情不像大人那样复杂，只能"简单"从事，许多对于大人来讲毫无兴趣的事，在他们眼里却充满快乐与幸福。

有位老师曾问他七岁的学生："你幸福吗？"

"是的。我很幸福。"她回答道。

"经常都是幸福的吗？"老师再问道。

"对。我经常都是幸福的。"

"是什么使你感到如此幸福呢？"老师接着问道。

"是什么我并不知道，但是，我真的很幸福。"

"一定是什么事物带给你幸福的吧！"老师追问道。

"是啊！我告诉你吧，我的伙伴们使我幸福，我喜欢他们。学校使我幸福，我喜欢上学，也喜欢我的老师。还有，我喜欢上教堂，也喜欢学校和其中的老师们。我爱姐姐和弟弟。我也爱爸爸和妈妈，因为爸妈在我生病时关心我。爸妈是爱我的，而且对我很亲切。"

在孩子的眼中，一切都是美好的，身边的一切，小朋友、学校、教堂、爸妈……都让她快乐。这是一种单纯形态的幸福，是人们在生活中苦苦追寻的，即使是最大幸福也无法比拟的。

孩子们快乐，还因为他们对任何事情都拿得起，放得下。和小朋友吵架了，不会像大人一样，和谁闹翻了脸，便会老死不相往来，他们很快就会忘掉，不会记仇；挨家长训斥了，即使是哭了，也会很快就破涕为笑；受到老师批评了，他们也不会老是怀恨在心。他们当哭则哭，当笑则笑，受到表扬，便高兴得又蹦又跳，受到批评便掉泪珠，决不会掩饰和做作。

孔子云："三人行，必有我师焉。"孔子本人不也曾向孩子请教太阳何时最大吗？孩子是我们学习的榜样，保持一颗童心，可以让我们返老还童。人一天天长大，往往会被世界的琐事烦扰不止，人越是成熟就越是复杂，因此童年时期的快乐、纯洁无忌是我们应该重新捡拾的。

虽然我们不能再回到童年的那个年龄，但我们可以经常回忆童年趣事，拜访青少年时期的朋友和同学、老师、母校。如果有机会还要去看一看童年家乡、玩耍的旧地，旧事重提，旧友相聚，那样我们才会重拾童真的快乐，重回纯洁无忌的开心时刻。

拥有一颗童心，就会像孩子一样快乐，拥有一颗童心，就会重拾童年时代的幸福。所以，即使我们的年龄一天天变老了，但是我们的心灵却不能变老。

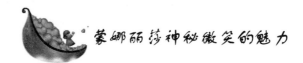

蒙娜丽莎神秘微笑的魅力

达·芬奇的名画《蒙娜丽莎》流传千古，"蒙娜丽莎的微笑"是世界上最著名的微笑。然而关于其身世也是几百年来的未解之谜。这个女子在人类历史上留下了她神秘的微笑，让后世无数的学者研究她的身世，众说纷纭。有人说她是一个商人的妻子，有人说她其实是一个妓女，有人说她是达·芬奇的秘密情人，甚至有人说她其实是达·芬奇的自画像……在赞叹的同时，人们却始终不明白她神秘微笑的魅力来自于何处，各种解读莫衷一是。

日前，荷兰阿姆斯特丹计算机大学使用一种"情绪识别"软件，通过计算机处理了蒙娜丽莎的面部表情，得出结论是，蒙娜丽莎的表情中包括了83%的喜悦、9%的厌烦、6%的恐惧和2%的愤怒。

这套软件是由该大学与美国伊利诺伊大学联合开发的。它通过分析处理人类面部的关键特征，如嘴唇的弯曲程度和眼睛周围皱纹的分布，进而得出关于人类六种基本情感的数据。

美国哈佛大学的雷文斯通教授说，如果把视觉集中在蒙娜丽莎的脸上，你就会发现她的笑容消失了。她说观赏者只有把视线转移到这幅肖像画的其他部分时，才会注意到蒙娜丽莎在微笑。

这个理论是美国科学进步协会在丹佛尔举行的一次年会上提出的。

雷文斯通教授解释了为什么将视觉集中在蒙娜丽莎脸上就会看不出她在微笑。她说这是因为人的眼睛处理视觉信息的方式导致的。人的视觉分两种，即直接视觉和辅助视觉。直接视觉最适宜辨别细节，却不适合识别影子。

雷文斯通教授说，"蒙娜丽莎的微笑"几乎都是用影子表现出来的，所以用辅助视觉看效果最好。

如果用眼睛盯着一件东西，时间越久，辅助视觉的作用就越小。雷文斯通教授说，最好的例子是看一页印满字的纸上的一个字。越盯着这个字看，其他的字就越来越模糊。她说达·芬奇在创作蒙娜丽莎时使用了同样的原理，来取得最大的艺术视觉效果。

无论科学家怎样研究与解读，作为卢浮宫的无价宝物，500多年来，人们从心底接受了蒙娜丽莎这张永恒的微笑的面容。

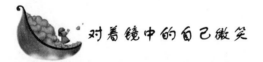

对着镜中的自己微笑

记不清自己有多久没有开心的大笑过了。对着镜中的自己微笑，竟笑得有些僵硬，有些苦涩。这段时间烦恼的事情太多，毕业、工作、感情……这些问题一下子集中在一起，让人有些措手不及。

以前班里的同学都说，"你呀，就知道整天傻呵呵地笑，一点都不着急的样子，也不知道整天在乐些什么？"每次我都说，"反正都已经这样了，不笑难道让我哭不成吗？还不如笑笑呢！"也许别人会以为我是乐观的，其实现在的我特别悲观。朋友说那是那场初恋留给我的阴影，让我再不是曾经那个自信、洒脱和快乐的我。或许是吧？可是我多么希望自己是快乐的，像以前一样，我多么希望时间就停留在那一段快乐的时光，我们永远不要长大，永远开心快乐，没有烦恼。然而一切都不能改变，该来的还是会来，无法躲避，既然这样，那么就勇敢面对，勇敢接受吧！

妈妈说，每个人在一生中都会有这么一个阶段，会遇到各种各样的问题，只要勇敢坚强地面对，就会迎来美好的明天。有一段时间我的"QQ"个性签名写的是：妈妈说，会哭的孩子不是好孩子。我不是好孩子，所以我会哭。现在我把"QQ"和"MSN"都改成了：妈妈说，会哭的孩子不是好孩子。我是好孩子，所以我不哭。我想既然要面对，还是笑比较好吧。我希望自己能在这些磨炼中令自己坚强，独立，不再是依靠爸爸妈妈的小女孩。过去的就让它过去吧，从今天开始，积极努力面对一切，坚强地笑对一切，微笑吧！

你也会为了各种烦恼而愁眉苦脸吗？开心起来吧，从今天开始，每天对着镜子笑笑，告诉自己：坚强、自信、你是最好的！始终相信那句话：上帝在对你关上一扇门的同时也会为你敞开一扇窗。上天从来都是公平的，他不会亏待每一个热爱生活的人。

这是一个大学毕业生找工作的故事：

面试那天，妈妈特地请假陪我，并非小题大做。从小我就胆小如鼠，见生人话也说不出，手足无措。我不知道为何会有这种个性，大概是家人过于呵护吧！但大学快毕业了，总得积累点社会经验，心里想着放松调整自己，就得迈出第一步吧！怎能做"语言的巨人，行动的矮子"呢？

面试路上，妈妈一直轻轻拉着我的手，鼓励我："你一定会行的，努力！"公司大门前，我鼓足了勇气，决定独自去见总经理，妈妈不放心，我掏出小镜子，理理头发，对镜中的自己笑笑，挺胸抬头走进公司大门。

秘书把我安排到一间休息室，说马上就会见到总经理。我笑笑点头等待。等了两分钟，我想妈妈在干什么呢？不足 5 分钟，我后悔不如让妈妈也进屋陪我，又过了 5 分钟，我开始后悔不该来此面试。正要打退堂鼓，秘书请我去见总经理。总经理办公室布置得素雅，而且洁净有序，屋里还放着轻音乐，倒像茶座。我很喜欢这种氛围。总经理始终微笑地看着我。说完我的学业，年龄及应聘的情况，我倒轻松了。我的话说得并不流利，心里想着几次面试失败后，这是 n＋1 次，突然听到总经理的声音："你明天8：00来上班吧！"

"这么简单？"我惊讶地问。"就这么简单！"她还在微笑。我不敢相信这是真的。"为什么留下我？""你并不像你自认为的胆怯。你会变的，看到你，我似曾相识。"

公司常举办划船、郊游、探险等活动。而我渐渐开朗活泼起来，一如总经理的预言。如今的我，工作上渐入佳境，喜欢跟同事说笑，还有知心朋友。而这仅用了一年时间。妈妈为我高兴，周围人全都为我高兴。有时在想，若面试时妈妈也在场，我还将依赖他人。独自面对问题尽力去解决。哪怕说话结结巴巴，也要表达出来，可喜的是，我遇到一位始终微笑的总经理。我学会了微笑着看待事物，也就不再自闭，同时，生活也对我微笑。

今天你微笑了没有？如果没有，赶快笑一笑吧，相信你的心情也会更加明媚。

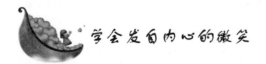

学会发自内心的微笑

微笑是每一个人所必须掌握的自身素质，但这并不意味着只要嘴角上挑，面露喜色就是一名好员工，真正的微笑意味着不仅要为工作付出百倍努力，还要为自己热爱的事业付出真情实感。简单的微笑很容易，但作为一名优秀员工就必须学会发自内心的微笑。可以说，每天早晨走上工作岗位时，你必须让自己身心放松，让新的一天从微笑开始。在一个工作目的奋斗中，要在每一个微笑中倾注自己的情感，让自己的微笑去感染对方，用自己的真心去感动对方。

目前微笑已经成为一种世界性的欢迎语言，无论是酒店，还是餐厅，老板们都要求员工进行微笑服务，因为微笑可以大大提高顾客的满意度，只有顾客满意才能有效地实现良性循环。安德鲁·卡内基是世界闻名的钢铁大王，其高级助理查尔斯·史考伯也是一名重量级人物，他曾经说过"一个发自内心的微笑价值百万"的话。美国著名的保险推销高手威廉·怀拉被誉为保险界的神话，而他成功的秘诀就是让微笑成为自己的职业素质，让顾客无法拒绝你真诚

117

的微笑。可见，微笑，是一个人极其珍贵的财富，是礼貌的象征，是自信的标志，甚至在某种意义上还可以决定你事业的成败。

张林过去是一名著名的棒球运动员，但因体力逐渐减退40岁时就退出了棒球赛场。为了生计张林决定去人寿保险公司应聘推销员的职位。

但应聘不像他想象中那样简单，公司领导看到张林的第一眼就回绝了他的求职，人事经理告诉他说，作为保险公司的推销员首先应有一张迷人的笑脸，这是每个优秀员工必备的职业素质，而张林却没有。

张林很诧异，没想到一个小小的推销员职位也有如此大的学问。为了让自己成为一名合格的推销员，张林立志苦练笑脸，以后的一段时间内，屋子内时常会听见张林的笑声。频繁的练习使得张林信心十足，但当他去再次到保险公司应聘时，经理看了他一眼就否定了他的练习成果。张林继续苦练，他四处寻找微笑的照片，并将它们贴满屋子，随时进行模仿练习，当他再去去见人事经理时，经理依然不满意："虽然你已经懂得微笑，但却不够迷人。"

张林是一个永不服输的人，他始终没有放弃练习微笑的决心。一天，他在公园散步时恰好遇到了社区管理员，在他与管理员打招呼的同时，很自然地笑了笑，管理员十分惊奇地告诉张林："先生，您今天看起来很不一样，您的微笑非常慈祥。"张林顿时信心倍增，立刻跑去见人事经理，经理告诉他虽然已经笑的很有味道了，但那仍然不是发自内心的笑。张林回家后整日思考，最终领悟到"只有发自内心的，像婴儿般无邪的笑容才是最真实的，也是最能吸引人的"。当张林学会了真心微笑，他即成了一名保险推销员，并最终成为美国保险界的神话人物。

张林的成功有力地证实了微笑作为员工必备职业道德的必要性与重要性。作为一名真诚友善的服务人员，如果能够把微笑演绎成一种工作态度，那么他就会看到微笑的神奇魅力，并可能因此收获巨额的财富。微笑是人类的特权，同样也是人类的宝贵财富，如果说行动比语言更能打动人，那么微笑即是无声的行动，它在向对方暗示：很高兴见到你，我希望结识你这样的朋友。

　　作为服务行业的员工微笑显得尤为重要，很多酒店的主管在招聘服务员时都会将微笑作为应聘的首要条件。他们认为一个只有小学文化的服务员，只要懂得用心微笑也要胜过一位愁眉苦脸的博士生，因为他们希望顾客在自己的酒店中能体验到温暖，而不是忧郁。做一名会微笑的员工，懂得与客户分享快乐，能够为客户分担痛苦，你也会因此而赢得客户的认可与赞誉。

　　来自香港的李先生在本地一家大型百货公司买了一套西装，但这套西装上衣褪色，弄脏了他的白衬衣，于是他很不满地回到百货公司，希望讨一个说法。但话未讲完一位店员就打断了他："这种西装我们卖得很快，但从没有哪个顾客抱怨质量有问题！"这位店员说话咄咄逼人，好像是在暗示李先生是个骗子，如果你再这样抱怨我可要给你点颜色看看。

　　正在两人争吵的时候，第二位店员也来"观战"，并插嘴道："一般来说，这种深颜色的西装刚开始都会褪色，因为您买的这个价位的服装质量都好不到哪里去！"李先生面对第一位店员的质疑和第二位店员的鄙视简直怒火中烧，当他正要爆发的时候，百货公司的总经理正好路过，这位经理的确很厉害，短短几分钟李先生就由怒转喜，最后满意地离开了百货公司，那么这位总经理是怎么做的呢？

　　第一，他并不插嘴辩解，而是认认真真地，面带微笑听李先生将所发生的事情叙述一遍。

　　第二，当李先生讲完后，两名店员依然坚持自己的观点，总经理却站在顾客的角度维护顾客的权益。

　　第三，总经理在最后友好地送上一个微笑，示意李先生提出自己的要求，百货公司会遵照顾客的要求进行补偿。经理的微笑很诚恳，让李先生觉得他是自己见过的最善良、最通情达理的店员。

　　虽然李先生几分钟前还暴跳如雷，但当他看到经理温暖的笑容后显得格外平静："其实我只是想知道这种现象是否是暂时性的，采取什么措施可以使其得到补救。"经理建议他再试穿一周，如果还会出现类似现象，公司会负责更换或退货。李先生觉得这位总经理就是自己的知己，因此他对经理的建议深信不疑，满意地离开了百货公司。

119

 用微笑打开心窗，快乐常伴

快乐是安心工作的前提，每个人都希望自己成为快乐家族的一员，但在寻找快乐的道路上，很多人却很迷茫，他们只知道盲目寻找，却一直未曾注意，快乐其实就在你心里，用微笑打开心窗，快乐就会常伴你。

遭遇了百年不遇的洪水灾害后，村民望着自家的房屋被毁、庄稼被淹，整日焦躁不安、闷闷不乐，一个原本充满祥和的村庄瞬间阴影笼罩。村长听说终南山有一种叫做快乐藤的植物，只要得到它就会使人变得快乐，从此忘记烦恼。于是村长挑选出本村最强壮的少年，让他去终南山寻找快乐藤。

这位少年备足干粮，挑选了一匹结实的好马，带着全村人的希望朝终南山赶去。在终南山下少年看到了间简陋的小木屋，木屋被众多藤萝缠绕，一位白发苍苍的老者正在小屋前劈柴，虽然老人穿着简朴，但却始终洋溢着快乐的微笑。少年感到很奇怪，于是走上前去毕恭毕敬地向老者询问道："这位老师傅，您种的这些藤萝能让人快乐么？"

"当然能！"

"那您可以送我一些么？"

"可以，但真正的快乐并不仅仅是靠这几株藤萝换来的，最重要的是要具有快乐的根。"

少年很疑惑，"快乐的根？是埋在泥土中的根么？"

老者微笑着告诉少年："不，快乐的根是埋在心里的。"

快乐就藏在我们心中，如果舍弃了藏在心中的快乐之根，那就等于舍弃了你自己，把自己交给了悲伤，让别人左右了你的情感。

不论是工作中还是生活中，快乐本就藏在我们心里，倘若不懂得去挖掘藏在心中的快乐，很容易被负面情绪操纵。其实，外界的变化并不是影响快乐的根源，操纵快乐的钥匙就掌握在自己的手中，当你感觉伤心、失落时，须及时打开心窗，将积存在心中的烦恼清扫干净，让快乐填满心胸。

终南山下有一座寺庙，寺院有一棵榕树，每天榕树都会飘落下很多叶子，寺院中一位小和尚整日对着落叶愁眉不展，这样一幅凄凉的场景常常令他望树兴叹。小和尚每天清晨都会清扫落叶，师父见他心事重重就急忙询问："徒儿，为何你每天都如此忧郁，何不开开心心地生活？"

小和尚很疑惑地说："师父，您每天都为我讲析佛法，让我注重修身悟道，但我学的再好也终有死亡的一天，到时候我所悟出的道也会像这棵榕树的落叶一样被黄土掩埋。"

师父听后对小和尚说："徒儿，你大可不必为此担忧，落叶虽然脱离了枝干，但它会在寒风最凛冽，冬雪最密集的时候悄悄爬回枝头，来年春天又会开出美丽的花，结出茂盛的叶子。"

徒儿依旧疑惑："那为什么我看不到这个过程呢？"

"那是由于你的心中无景，故而看不到花开！当你面对落叶的凋零时，你需要有一颗不朽、乐观的心，只要憧憬来年的含苞待放就一定会获得重生。"

工作中不免会遇到这样那样的困难，但我们没有必要杞人忧天，整日忧心忡忡，要适时打开心窗，放飞藏在心中的快乐。时常对自己笑一笑，以积极乐观的态度面对工作中的一切困难，不仅可以有效化解烦恼，还能感染周围的人，予人快乐，予己快乐。只要心中有景，何愁没有花香。

第五章　自然的微笑：发自内心、自然流露、和谐的笑

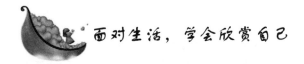

面对生活，学会欣赏自己

学会欣赏自己，学会将自己的优点展现出来。这就是绝好的用微笑面对生活的态度。

我们总是欣赏别人，挑剔自己，总是在种种诱惑、种种挫伤之后，把自己修剪成别人喜爱的模样，而从不给自己一点安慰、一点

鼓励，没有心思去欣赏自己。

其实，每个人都是一道亮丽的风景。这风景尽管千差万别，也许不一定都是经典。然而，每一个人都是一幅特别的风景。也许你很善良，也许你很豪爽，也许你很能干，也许你很仗义，也许你很聪明，也许你很忠厚……尽管我们并不完善，但每个人都有自己美好的一面。如果我们多发现自己身上的美，多赞美、多肯定，我们便会变得越来越完美。

我们都是一个独立的个体，这世上唯一的你便是一个真实而美丽的存在。

闲暇之余，我们不妨静静地欣赏自己，你会在不经意间发现，其实自己也很真实，也很天真、可爱。在我们的人生道路上，尽管没有芳馨的鲜花为我们添香，却有希望的绿野为我们舒展；尽管没有雷鸣般的掌声为我们喝彩，却有恒久的信念在我们的心头树立；尽管我们经历了人生的坎坷沧桑，然而征程中理想的风帆却依旧为我们高高扬起。

学会欣赏自己，就是在无人为我们鼓掌的时候，给自己一个鼓励；在无人为我们拭泪的时候，给自己一些安慰；在我们自惭形秽的时候，给自己一片空间、一份自信。然后抖落昨日的疲惫与无奈，抚去昨日的伤痛和泪水，去迎接明天崭新的朝阳，走向风和日丽的晨曦……

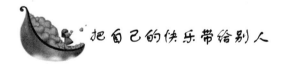

把自己的快乐带给别人

最好的快乐是能够把自己的快乐带给别人。那种渗透和感染是一种非常美丽的传播，是让人感到细水涓涓而流的清澈与美好。

这是我听到的最快乐的故事：

一个62岁的老太太，带着83岁的老母亲去旅游。两个都是上了年纪的人，去深圳看"世界之窗"。83岁的老母亲没有买票。"世界之窗"有规定：66岁以上的老人不用买120元一张的门票。

这个在我们看来很普通的老太太，不过是一个退了休的职工，闲时扭扭秧歌、跳跳舞、看看报、读读书。但她从来不把自己当成老人，她和孙子一起唱周杰伦的《双截棍》，她和老伴一起驾车去旅行，看到自己落后了就去学电脑。人家问她的年龄，她总是笑着说："26岁。"其实，她是62岁。

她说："为什么不快乐呢？快乐是一种生活的态度。"

重要的是，快乐还是一种资源，她感染着全家人，使他们安详、幸福地生活着。80多岁的老母亲也跟她学会了跳舞。老母亲说："我还没有坐过飞机呢，想去南方看看。"

她听了，二话没说就去订飞机票。在小区里，她被视为异端——谁敢带着一个80多岁的老太太坐飞机，而且是去玩？

当她看到老母亲欣慰的微笑时，当她知道自己的快乐在不停地感染着别人时，她说："我是世界上最幸福的女人。"

这样的幸福总是让人感觉如夏天最浓的一块绿荫，如冬天最温暖的那个火炉。

所以，我要做这样的女人，即使老了，也有一颗年轻的心，因为快乐从来没有年龄界限。是的，我的大多数女性朋友在婚后成了真正的家庭主妇，她们没有了自己的生活，自己所做的一切就是为了丈夫和孩子。她们放弃了少女时代的一切梦想，因而也失去了自己的个性。

当她们被丈夫抛弃还嚷着"为什么"时。那个男人理由充分地说："为什么？因为你变得不再是那个有灵性的女子了，所以，我不再爱你了。"

我还有一个女性朋友，婚后在爱情的滋润下更加灵动。她丈夫对她说："我爱的就是你的浪漫和性情中人的飘逸，所以，不要变。"

结婚10年后，他们依然没有大房子，没有车子，但是他们有着和10年前一样的心情，还有一个漂亮的女儿。她对我说："快乐是一个细胞，可以不停地繁殖。"

在10年后的一天，我打电话给她，说："我想你了，我想见见你。"

那是一个晚上我酒醉后说的话，我们相距200千米。几个小时之后，我听到了敲门声，门外站着的是她和她的丈夫。

她说："只为你那句'我想你了'，我就决定要来看你。而此时已经没到这里的班车了，所以，我丈夫陪我租了一辆车来的。"

这还远远不够，她告诉我：到月底了，她家里只有几十块钱了，于是她去银行预支了一张定期存单来付车钱。她是这样来看我的！

仅仅因为我酒后的一句"我想你了"，她就来了，我久久地抱住她，眼泪止不住地流下来。

感动，是因为朋友的真诚，而感动，有时候也是因为那种震撼！

她就是个快乐的人，一直是。

她说："不快乐有很多理由，但快乐只有一个理由，只要你觉得这个世界是美好的，那么，就能快乐地享受生活。"

是啊，她只是一个小学老师，挣的钱不多，没权没势，可她却享受着人世间最美好的爱情，与爱人一起骑车下江南，与朋友隔三差五围炉而坐，唱唱京剧，说说看了什么书。

只要她一出现，大家都会很快兴奋起来，而且彼此分享的是心灵带来的那种幸福和美好。

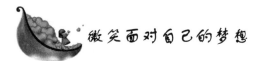

微笑面对自己的梦想

追求梦想的条件可以受损，但梦想永远不会，只要它在，我们的生命就会朝气蓬勃，永远垂着绿荫，开着明媚的花，结着芳香的果实。而最重要的就是，微笑面对自己的梦想。

从我上高二那年开始，如果没有雨或者恶风，每天傍晚在我家附近的花园里，都会有一个十三四岁的小女孩站在草坪上练习拉小提琴，她那娴熟和富有表现力的琴声就像一只只轻盈优美的蝴蝶，在花园的上空飞舞……美中不足的是，小女孩长得并不好看，一块黑色的胎痣覆盖了她的大半张脸，那些为她的琴声所吸引的人们，当他们的目光落在女孩的脸上，闪烁的总是遗憾和痛惜。

每天放学回家，我都会在花园里待一会儿，于花香缥缈的弥漫中，让那些温柔如诉的琴声抚慰我疲惫的灵魂。

但在高三那年，命运的空袭使我成了一名必须靠坐轮椅才可以愉快地出去呼吸新鲜空气和看风景的女孩。那次车祸之后，我辍学在家，身体上的病痛同样难以忍受，而更让人难以面对的是那种有若被众人遗弃的感觉。原本为参加高考而忙得如拉紧的弓，集中全力蓄势待发，忽然之间，被取消了参赛资格，被赶出了竞技场，只有躲在无人注意的角落里冷眼旁观，那些紧张、那些热闹、那些欢呼雀跃都已远去，整个世界好像完全将你摒弃在外。

每天，我看着一批批曾经与我结伴同行的高三学子骑车自门前经过，我不知道我要做什么，甚至连期望也没有，连等待也没有，因为根本就不知道自己要期望什么、等待什么。有很长一段时间，我在父亲的陪同下搭乘公车才能抵达医生的诊所。那条路好长、好孤单，我既看不到过去，也看不到未来。

我在绝望的同时也隐约存着些期待，每次从医院复诊回来，我仍常去花园里坐坐。忘记了是哪一天，没有听到琴声，我发现那个小女孩正双臂抱膝，把头埋在胸前抱着的小提琴上。我过去，关切地问她发生了什么。

"没什么，"她轻声地答道，"因为我脸上的胎痣。"她的一个同班男同学告诉她，中央音乐学院附中不会录用一个长得像丑八怪似的人做学生，这样她希望通过拉提琴的特长获得录取资格的梦想就很难实现。我理解她心中的失望和痛苦，多年的愿望就因为相貌条件而不能实现。我问她有没有和爸爸妈妈谈过这件事情。她抬起头，告诉我，妈妈认为那个男同学不懂得梦想的能量，如果她真的想获得录取资格，就没有什么能阻止她，除非她自暴自弃，因为"梦想比条件更重要"。

她妈妈的话得到了印证。第二年，在中央音乐学院附中的入学考试中，由于她在比赛场上的出色表现，一位老师看中了她。她如愿以偿地获得入学资格，成了该校的一名学生。

非常感谢小女孩母亲的那句话，我从听到它的那一刻起，就一直相信自己的内心是强大和健全的，我充满了梦想，各种有关未来的梦想。有梦想的人才能称为健全的人。我常梦见自己在爬一座山，

125

我并不知道山上有什么，但我总有一个欲望，那就是爬上去。

就这样，我没有参加高考，我知道不会有院校收留我，我在新疆师范大学上了两年的自费大专，没拿到学历。其实，学历并不能证明一个人真正的潜力，我只想与其他身体健康的人一样去感受一下正常的学习和生活。我知道，无论在什么地方发生了什么，依我的敏感和细腻，我的收获从来都会比别人多。

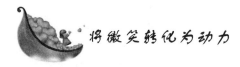 **将微笑转化为动力**

聪明的人懂得微笑，智慧的人则会将这种微笑转化为动力。当然，接受这种动力的人，可以是别人，也可以是自己。

第一天上班，我就遭到了一位叫凯妮的女同事的批评，她说我接电话的时候声音不够动听，还说我的脸上没有笑容。

第二天，我写的一篇不足 500 个单词的报告，居然被年轻的哈理主管挑出了 10 处错误。他很不客气的语言，让我感觉到自己在学校里所学的东西一无是处。晚上，我躲在单身公寓里，泪流满面。我可以不理凯妮，但我不能不理主管，因为他是我的上司。

第三天，我感到整个写字楼里的空气就像凝固了似的沉重，特别是那一双双利箭般的目光射向我的时候，更使我如芒在背。因为心里发慌，我在经过一位同事的身边时，不小心被她的桌角绊了一下，险些摔跤。顿时，所有的笑声就像蜜蜂一样向我飞来，蜇得我满面通红。晚上，我又一次躲在单身公寓，以泪洗面，我可以不理我的上司，但不能不理所有的同事啊！

在学校的时候，我就一直梦想着毕业后能穿上职业装，亭亭玉立地出入于意大利瓷砖铺就的高级写字楼。可是，现在当我进人了梦想中的空间后，似乎并没有想象中的优越感，有的只是让人想发疯的挫败感。

我决定写一封辞职信，然后发电子邮件给皮特经理。皮特经理是一位和善的人，也是公司的元老，他很快就给我回了信，但却只字没提我辞职的事。他居然约我晚上下班的时候去湖边散步。

我说："皮特经理，我不明白您的意思，我只想知道，我的辞职报告您给批了没有？"

皮特经理好像没有听到我的话一样，依然笑着说："你看，这傍晚的湖色多么美丽，如果此时你不在这里散步，你就浪费了这美丽的晚霞；如果你不曾在早晨的湖边跑步，你就错过了湖边的朝阳。"

我若有所思地听着，抬头望去，果然看见了天边那一道道晚霞，如一幅优美的图画，也感受到了在这里散步的人们的幸福。

皮特经理又接着说："是的，那些美丽的景色需要人去欣赏，才不至于浪费。你有一副美丽的面孔，如果不经常保持笑容，那也是一种浪费。"

什么？不笑对面孔也是一种浪费？我还是第一次听人讲这么一个道理。

"您真幽默。"我用手摸了摸自己的脸蛋，不由自主地笑了。

皮特经理见我笑了，则笑得更开心了："这就对了，你看现在的你，多迷人，多有亲和力呀！这么漂亮的一张面孔，整天板在那里，不是浪费又是什么？同样的道理，公司给你提供的这个平台，需要你去好好利用才不至于浪费，人的生命也需要不断地去充实，才不至于浪费！"

从此，我再也没有提过辞职的事，而是每天面带微笑地上班，认真地做好分内的每一件事，再也听不到凯妮的批评，听不到其他同事和哈理主管的批评了。10 年后的今天，我已成了这家公司的副总裁，我依然时时提醒自己，利用好自己的一切优势，别让它浪费了。

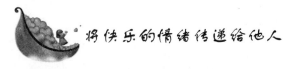

将快乐的情绪传递给他人

苦闷的情绪会传染，快乐的情绪也一样会传染。做一个快乐的，并且将这种快乐的情绪传递给他人的人，那么生活带来的也一定是快乐。

30 岁的杰克·布朗斯坦出生在纽约。他天性乐观，热爱生活，曾经拍过电影，是《男人帮》杂志美国版创办时的编辑之一，也搞过行为艺术，曾在冬天跳入喷泉中游泳，还出过一本书。在做了种种尝试之后，28 岁时，杰克终于找到了自己喜欢的职业，成为一名出色的市场营销顾问。

2008 年金融危机到来时，杰克发现身边越来越多的朋友仿佛一夜之间对生活失去了信心，连平时大家最喜欢的野餐烧烤都没人参加了，唯一的乐趣是在酒吧里把自己灌醉。杰克决定做点什么改变一下这种现状，他想出了一个主意——出售快乐。

杰克做了一个类似广告灯箱的东西，他把它称为"快乐计时器"。接着又去玩具店精心挑选了一些小玩具作为"快乐球"，他在每个"快乐球"里放进一张纸条，人们只需向"快乐计时器"里投放 50 美分，就会得到一个"快乐球"。纸条上的内容是杰克自己创作的"快乐建议"，比如和家人一起买张彩票，但不要去核对号码，并告诉身边的朋友，你不愿意得奖，因为你热爱现在的生活方式；或者，在不开心的时候，和好朋友一起像童年时一样在床上尽情地跳，抛开烦恼等。

杰克一共准备了 300 条这样的"快乐建议"，一周之后，他扛着 30 多公斤重的"快乐计时器"来到了曼哈顿街头。

不一会儿，一个拿着冰激凌的年轻女孩走了过来，她先是围着这个奇怪的箱子看了几圈，然后拿出 50 美分投了进去，看完纸条后，把它整齐地叠好放在口袋里，笑呵呵地走了。接着一个略显沮丧的男人匆匆走了过去，又退回来仔细看了看，犹豫着投了钱。杰克忍不住走过去问他喜不喜欢得到的建议，他笑眯眯地说喜欢，并打算按照纸条上的建议去看一场《马达加斯加》的动画片，还要带上自己 6 岁的女儿。

杰克觉得很开心，半个月，这些"快乐建议"已经被反复使用了 400 多次。人们看完纸条后都会面带微笑，仔细地把纸条收好，有的人还会带了朋友再过来。杰克清点了一下"快乐计时器"的收入，发现除了收回成本之外，他居然还赚了 100 多美元，看着这些钱，杰克又想到了一个好主意。

学会微笑常快乐

杰克将这些钱分成 5 美元、10 美元、20 美元的小包，把它们藏在了纽约大街小巷的角落里、邮箱上、电话亭和公交车站的长椅上，和钱藏在一起的还有一张"祝你好运"的小纸条。看着捡到钱的人高高兴兴地走开，杰克决定以后把"快乐计时器"赚来的钱都这样送出去。

　　8 月的一天，杰克在邮箱里发现了一封情书，既没有收件人的名字也没有发件人的名字，杰克有些纳闷，可这封陌生的情书却为他带来了一天的好心情。第二天起床时，虽然天气阴沉，杰克依然觉得心情舒畅。是啊，已经很多年没有收到过情书了，这让他又想起了自己甜蜜的初恋。

　　这封突如其来的情书令杰克有了心跳加速的感觉。突然，他又想到一个点子：为什么不通过情书来为大家带来好心情呢？

　　杰克立刻开始行动。他决定每封情书都要用手工完成，在电子邮件流行的年代，真实的触感和手写的笔迹更会给人一种亲切的感觉。内容是杰克通过回忆自己的初恋写成的："如果你感觉寒冷，我将尽我所能去温暖你；如果你伤心失意，我将为你跳支搞笑的舞蹈，只要你喜欢；如果你破产了，我会用金钱接济你。因为我爱你……""我知道你很特别，无论过去、现在还是将来，我会一直喜欢你，还有什么能比你的微笑更动人呢？"虽然每封情书都不长，可是字里行间都充满了温馨与快乐。

　　写完 30 封情书后，杰克便来到人头攒动的纽约联合广场派发。第一天，他只发出去 2 封。很多人知道他发的是情书以后，都用一种奇怪的眼神看着他，几个年轻的女孩甚至嘲笑地说她们并不需要这个，男人们更是把他当做同性恋。

　　一个星期过去了，杰克的情书还是没有发完，他有些怀疑，是不是这次自己的点子想错了？

　　杰克没有气馁。第二周，他依旧来到广场散发情书，一个正在喂鸽子的神情忧郁的女孩拒绝了他的情书。一小时后杰克又回到这里，发现女孩仍旧独自一人坐在长椅上，他又一次送上情书，这次女孩没有拒绝。

　　通过聊天，杰克知道女孩叫克莉斯蒂娜·霍格，今年 26 岁，一

第五章　自然的微笑：发自内心、自然流露、和谐的笑

个月前刚和男朋友分手，感觉自己很失败，一直情绪低落。克莉斯蒂娜饶有兴趣地听杰克讲完了他的"快乐情书"计划，似乎被这个有趣的计划感染，她要求第二天和杰克一起去发情书。

奇怪的是有了克莉斯蒂娜的帮忙后。情书很快就发完了。人们似乎更愿意接受一个漂亮女孩的情书，而人们看完情书后快乐的表情让克莉斯蒂娜充满了成就感，也忘记了自己的痛苦，她喜欢上了这份没有报酬的工作。

后来，克莉斯蒂娜索性开始和杰克一起写情书。她每周六准时到杰克这里，杰克会为她准备好咖啡和自己亲手烘制的蛋糕，在冬日的暖阳中两人坐在书桌的两侧各写各的，不时交换一下自己认为得意的句子，写累的时候还会聊聊各自过去的经历，再一起看上一张影碟。周日是他们发送情书的日子，除了去繁华的商业中心，他们也会去华尔街，那里有很多垂头丧气的人，他们的情书总会在那儿全部散发完。

慢慢地，杰克发现自己喜欢上了这个善良可爱的女孩，有时克莉斯蒂娜给他读自己写的情书时，他会有一种那是为自己而写的感觉。傍晚的时候，杰克会送克莉斯蒂娜回家，两人漫步在纽约街头，杰克觉得这个冬天一点儿都不像人们说的那么冷。

一个月后的一天，当杰克埋头写情书时，克莉斯蒂娜递过来一张字条："我希望自己能永远带给你快乐。"杰克觉得有些莫名其妙，一抬头却看到克莉斯蒂娜深情地望着自己，他恍然明白了这是克莉斯蒂娜写给他的，他紧紧拥抱住克莉斯蒂娜。

在克莉斯蒂娜的提议下，他们又一起创建了一个"快乐博客"，博客中的内容全部与快乐有关。他们提醒大家，快乐是世界上最有价值的东西，倡导人们追求纯粹、简单、容易实现的快乐。

杰克决定将自己的"快乐情书"计划通过网络传播得更远。他在自己的博客上发布了情书广告，只要留下地址，他们就会邮寄免费的手写情书，杰克和克莉斯蒂娜给自己订的目标是1000份。没想到广告发布后引起了强烈反响，回帖索取情书的人络绎不绝。12月中旬。帖子已经达到1800多条。这些发帖者来自世界各地，其中包括俄罗斯、澳大利亚，甚至爱沙尼亚等地。媒体也注意到了他们的情书计划，美国国家广播公司在新闻中报道了这件事，引来了更多的回帖者。

然而要想一一兑现诺言，却是一项巨大的挑战。构思加上手写，完成一封情书通常需要 20 分钟，为了如约寄出 1000 封情书，杰克和克莉斯蒂娜经常通宵达旦地写，两个人都毫无怨言，并且互相鼓励。此外买邮票也是一笔不小的开销，尤其是寄往海外的邮件，邮资相当于美国国内的 4 倍。杰克微笑着说："虽然我的邮票预算只有 700 美元，可是我将尽可能地满足前 1000 名发帖者的要求，无论他们位于何地。"

"如果你做的一件好事，能够让每个人开心，那么还有什么比这更好的回报呢？"杰克在博客上写道。他希望每位收信人在收到情书后，继续将其转发给下一位收信人，以便让爱心一直传递下去。

索要情书的人当中，许多人是替自己的亲人或朋友要的，因为他们刚刚经历了失恋，或者失去了工作，急需得到安慰。36 岁的卡丽·拉什曼来自费城，9 月份失业之后她一直感觉很沮丧，这个有着两个孩子的单身妈妈不知该如何应对今后的生活，可是杰克的情书却让她精神为之振奋。她给杰克写了回信，信中说："我最喜欢的一句是'我敢保证，你一定很有趣。你的头发真漂亮，真希望我们有更多时间在一起'。我想告诉你我的头发是红色的，确实有很多人夸我的头发漂亮，我差不多都忘了这件事，谢谢你的提醒。"卡丽还告诉杰克她正在努力找一份新工作。

住在伦敦的约翰留言希望能够帮助他们负担邮资。他说自己在最困难的时候收到了他们的情书。才有勇气给离开的女友写信说出了自己的感受，现在女友已经回来，他希望自己也能够和他们一起带给更多的人快乐。

约翰确实帮助他们解决了一大难题，克莉斯蒂娜还在上学，没有收入，杰克的收入主要依靠工作业绩，而他将很多时间用在了为别人"制造快乐"上，每月所剩无几。认真商量之后，他们接受了约翰的建议，不过附加了一个小小的条件，那就是只接受 200 封邮件的邮资。

现在，支持他们的人越来越多，每到发放情书的日子，都会有很多人自发参与，他们带着自己写的情书、小笑话，有的甚至还自己准备了小礼物。

2009 年 1 月，杰克和克莉斯蒂娜宣布订婚，两个年轻人在给无数陌生人送去快乐之后，自己也终于收获了幸福。很多接受过他们送出的快乐的人得知消息后，纷纷发来贺信祝福这对新人。

杰克和克莉斯蒂娜表示他们会将"快乐行动"继续下去，他们不希望人们对他们心存感激，只希望自己的行为能够让那些在这个人人自危的大萧条时期处于困境的人们感受到一丝温暖。

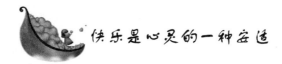

快乐是心灵的一种安适

人生活的目的就是为了快乐，苦也好、累也好，能够快乐地生活是每一个人的追求。所有的人都希望快乐，都希望抛弃烦恼，开开心心地度过每一天。可是在物质财富极丰富的今天，许多人依然觉得生活得很不快乐，甚至心中感到很痛苦，原因何在呢？归根结底是他们的心太复杂，所以滋生出种种烦恼。

小溪边是两座山，山上的庙里分别住着慧空和慧能两个和尚。每天早上他们都会到山下的小溪边挑水，因为经常碰面，他们很快便成为了好朋友。他们有一个共同的愿望：希望有一天能不下山挑水。

三年后，突然有一天慧能下山挑水时没有遇到慧空。慧能以为慧空睡过头了，也没太在意。可是接下来的很多天过去了，还是不见慧空下山挑水。慧能因为担心慧空，便去慧空住的那座庙去探望他。当他来到庙里看见慧空时却吃了一惊，因为慧空正在庙前打太极拳，看上去精神很不错。这么久没有下山挑水喝，难道慧空这里有水吗？于是，好奇的慧能说出了自己心中的疑问。慧空笑而不语，他带着慧能来到后院，指着一口井告诉慧能说："这三年来，我每天练完功就挖这口井。现在，终于挖出了水，我不必每天下山挑水了，这样就有更多时间做功课练太极拳了。"此时，慧能才如梦方醒。

　　快乐是什么，快乐就是我们手里的一把小铁锹。事实上，无论地位高低，无论生活贫富，无论身体康健与否，每个人其实内心都有一把快乐的小铁锹。不同的是，有的人常常将它丢弃在杂物堆中，丢弃在尘土堆里，总是为今天烦恼而烦恼，却不知如何把烦恼放下去寻找快乐，就像慧能和尚；有的人则一直随身携带着快乐的小铁锹，所以总让自己保持快乐的状态，就像慧空和尚，懂得去创造快乐，寻找快乐。

　　用那把快乐的小铁锹挖一口属于我们自己的井，就能喝到清澈甘甜的泉水，就能永远享受快乐的"源泉"。只要我们把快乐的小铁锹紧紧握在自己手中，并用它不断去挖掘，就能不断地创造着属于自己的快乐，才能让快乐总是伴随着我们。智者告诉人们，快乐是靠自己不断努力才能创造出来的。

　　快乐是一种积极的心态。快乐会给我们一种力量，一种能改变命运，获得快乐的积极的力量。一个快乐的人不一定在财富上是最富有的，不一定需要权力有多大，不一定需要有多高的地位，只要在内心里是最富有的就快乐。快乐更是一种境界，是一种对自己负责更对他人负责的境界。快乐是一个人对生活、人生的乐观态度。

　　对人生的看法，可谓"仁者见仁，智者见智"。其实人生就是一个过程，就是一个追求快乐的过程，就是追求快乐的过程。一个人的快乐，应出自内心，是内心喜悦情绪的自然流露，快乐不是装出的笑脸，内心不快乐装出的笑脸也是不快乐的。快乐也是一种感觉，一个自我感觉良好的人，永远是快乐的。每个人对快乐生活的理解都不尽相同，有人认为家财万贯是快乐，有人认为生活富贵是快乐，有人认为有权有势是快乐，有人认为平淡的生活是快乐……随着时代的变迁、时间的推移、身份地位的变化、处境的改变，人们对快乐的要求也会随之变化。现实生活中，快乐又很简单。挨饿的人，有一餐饱饭就是快乐；疾病缠身的人，健康就是快乐。身陷牢狱里的人，获得自由就是快乐，工人做出好产品就是快乐，农民有了好收获就是快乐……

　　快乐不用金钱来衡量，快乐不用权力去维护，快乐不是人前显贵，快乐就在于我们自己的感觉。

第五章　自然的微笑：发自内心、自然流露、和谐的笑

人生富有在于拥有一份好的心情

开心就是我们的身心愉悦，开心就是我们不愁眉苦脸，开心就是快快乐乐，快快乐乐就是福。开心就是不要奢望过高总不满足，开心就是保持一颗平常的心，开心就是我们时刻把握自己，努力保持一份好的心情。

小城里有个寺庙，庙里住着一位老和尚。每天天一亮，老和尚就开始扫地，从寺内扫到寺外，从大街扫到城外，就这样一直扫，扫出离城几里远。天天如此，月月如此，风雨不误，扫了不知道多少年。小城里那些做了爷爷的人，从小就看见这个老和尚在这样扫。看老和尚的面目，他已经很老了，就像一株干枯的老榆树，不再抽枝发芽，也不见他再衰老。老和尚一心扫地，遇到谁也不说话，只是点头笑一笑。

那一年军阀混战，一位将军带领他的队伍来到小城扎营，难得有这么一个宁静的小城，将军每天早上也喜欢早起到城外走走，所以，每天都遇到扫地的老和尚，看着老和尚每天乐乐呵呵笑着和自己打招呼，将军有些不解，每天都和老和尚聊一会。老和尚话不多，将军问到什么才答一句。时间长了，将军好像突然悟到了什么，有一天将军执意要脱下自己的军装，恳求老和尚收他入佛门。将军丢下他的士兵，拿着扫把，跟在老和尚的身后开始扫地。对将军的举动，老和尚心中自是了然，老和尚在前边扫，将军在后边扫，老和尚就自语说："要扫扫心地，心地若不扫，世上无净地。"将军听了心里也自然明白。

就这样，将军随和尚又扫了几年。有一天，老和尚安坐蒲团，闭上自己的双眼，安然离将军而去。将军接过老和尚的扫把，又扫了若干年，将军也离世了。许多年后，一位贤者走过城外的一座小桥，见桥石上镌着字，字迹大都磨损，贤者仔细辨认，才知道是将军在石上镌着那位老和尚的传记。

老和尚除了扫地，扫地，还是扫地，每天就是乐乐呵呵地扫地。给小城扫出了一片净土，为自己扫出了心中的清净，为持刀者扫出了屠刀。

拥有一份好心情，快乐才会时时与我们相伴，才能开心度过每一天。开心是每个人期待的，劳累一天工作结束了，与朋友相聚，小酌一杯，谈天说地，放松心情，这就是开心。开心是每个人都可以拥有的，只要把烦恼丢在身外，笑对人生苦与乐，开心就会常常陪伴我们。

不在于我们活得多长久，而在于我们活得多富有，这里的"富有"不是指钱财的堆积，也不是腰缠万贯，而是指拥有一份好心情。拥有一份好的心情，就可以用淡然的心境看待人生的坎坷；拥有一份好的心情，笑对人生的坎坷，面对芸芸众生的大千世界，就算什么问题也解决不了，至少也会减轻我们的烦恼，增强我们对生活的信心和勇气。

某一位著名的企业家，年轻时是一名小小的保险推销员。工作辛苦劳累，挣不了几个钱。但每天脸上还是挂着笑容的。有一次，他想让一个小学校长投保险，跑了十几次却依然毫无收获。他跑得疲惫不堪，但还是乐乐呵呵的。他的妻子问他："你马不停蹄地跑了三个月仍是一无所获，你还这么乐呵。"他告诉妻子："每跑一天都离成功近了一天，说不定我明天再试一次就成功了。"果然，第二天他又来到小学校长家。这次，未等他开口，小学校长就十分痛快地答应下来。问校长其中的原因，校长说他的快乐感染了他。这次成功以后，他的信心更足了。一年后，他就成了公司最优秀的推销员。

开心地工作、开心地生活，不管我们遇到多大的困难。再试一次，这是帮助我们越过峻岭涧壑的勇气，涉过激流险滩的毅力；有勇气再试一次，我们便会走出生活的困惑；有勇气再试一次，便会握住明天的太阳。

别有意为难自己，学会淡化生活中的欲望，在内心中能够时刻提醒自己，金钱、名利乃身外之物，实实在在地为自己也为别人营造一份温馨，拥有一份好的心情才是属于自己的，也是最重要的，因为开心是福。

135

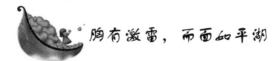

胸有激雷，而面如平湖

《孙子兵法》云："胜，不妄喜；败，不遑馁；胸有激雷，而面如平湖者，可拜上将军！"胜利不妄自狂喜，失败了，不惶恐气馁，一个胸有大志而不露声色的人，才能成大事。这也是"静心"的最好体现。心静如水，有所求有所不求，内心自然就会感到快乐。

老人住在一栋独门独院的一个院子里，老人把院子收拾得干干净净。老人很少出门，每天起来第一件事就是在院子里打一阵太极拳。吃完饭，便把宣纸铺在书案上开始写字，每当一起笔，便神情专注地沉醉于书写当中。真、草、隶、行、篆，他都能挥洒自如，但最见功力的是魏碑，并有所创新。老人是著名的书法家，书法作品是国内外许多人的收藏品。

老人的孙子大学毕业在家里四处联系工作，不觉心有些浮躁，见老人天天写字，就问他："爷爷，你整天写字不累吗？"老人微笑着对孙子说："不累，心静就不累了。"见孙子对他的话好像不完全理解，老人补充说："写字的时候，就要把心沉下来，把心都投入在写的字里面，不要有杂念，什么都不要想，用心体会字的字义，诗的诗义，词的词义，走近诗人词人情感中，走近诗词的意境中，心中就很快乐！"

孙子一下子明白了爷爷的话：静心，就是把心沉下来，不要有杂念。

静心就是把心静下来，就是做普通人，持平常心，恬淡度日。一个人要做到这一点不容易，一个人若修炼到不以物喜、不以己悲、物我两忘、心如止水，那就是人生的最高境界。

感受快乐，就要抛开私心杂念，就要做到宠辱不惊，遇事做事能够冷静下来，沉下心思考。今天的社会，滚滚红尘中许多人浮躁、冲动，许多人不理智、欲壑难填，给自己带来痛苦，也给别人带来不愉快，究其原因就是没把心沉下来，没有做到"静心"。做不到静

学会微笑常快乐

心，就无法谈快乐的感受。

有一个人去看心理医生，他告诉医生说自己觉得很困惑，请医生给想点办法。心理医生问是什么困惑。这个人告诉医生，自己每天晚上只要躺在床上闭上眼睛就做同样的梦。医生："是什么梦呢？"他说梦到自己站在一个大门口，大门紧闭着，门上有一个招牌，自己一直推、一直推，自己就这样一直推一个晚上，却怎么也推不开。每天早上自己醒来的时候都流了一身汗，可那门从来没有推开过。心理医生听了他的话，没有说他是什么病，而是漫无目的地和他谈着闲话，这个人一点点安静下来，谈了大约半小时，心理医生顺其自然很随意地问他："你从来没推开的那道门上挂着一那块招牌，你看那上面写着什么了吗？"那个人想了想告诉医生上面写着一个"拉"。

生活中的许多事情就是这样，当我们完全做到静心的时候，我们自然就会感觉到什么是快乐了。如果有一天，我们的内心平静得如同一汪清水，而且这种感觉常驻在我们的心间而不轻易地消失，那么无论我们走到哪里、无论我们做什么事情，我们的心中总留有一片碧海青天。那时，我们心中所有的愤怒、怨恨、恐惧都将融化在这一片蔚蓝汪洋中。这才是我们人生中最纯净、最独特、最高尚、最快乐的快乐。

第五章　自然的微笑：发自内心、自然流露、和谐的笑

第六章　胜利的微笑：成功或胜利后高兴、愉悦的笑

　　在人生的道路上，一帆风顺是每个人的梦想。我们不否认鲜花与荆棘相伴，阳光与风雨同在，机遇与危机并存，只要我们带着微笑上路，便可以轻松地从失败走向成功。

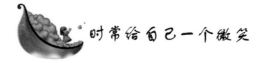

时常给自己一个微笑

在人生的道路上，一帆风顺是每个人的梦想。我们不否认鲜花与荆棘相伴，阳光与风雨同在，机遇与危机并存，只要我们带着微笑上路，便可以轻松地从失败走向成功。

在生活中，我们会时常听到别人的赞美和激励，但应保持谦虚清醒的头脑，不必太过兴奋，只有从中获取前进的动力，方可不断进取。有时我们也会遭遇烦恼和忧愁，只要以一颗平常心对待，努力化解，终会获得超然；有时我们在与人相处时，也会有误解与仇恨，只要坦然宽容，就可以保持原来的本色。失败与挫折会时常阻碍我们前进，只要我们微笑着重整旗鼓，就可以走出困境，鼓起勇气东山再起。

人生无常，世事难料，艰难困苦总会过去。阳光总在风雨后，不经风雨怎能见彩虹。花开花落是四季的变更，潮起潮落是海浪的颂歌，自信自强是进取的风帆。前进一步，离成功就接近一步，再走一程，幸福就会在不远处等着我们。

人生有得就有失，何必烦恼，何必叹息，别再沉迷过去的幸福光环，别再留恋破碎的旧梦，别在意明天是否成功，只要你昂起头，仰望天空，一个微笑驱赶不愉快的阴云，张开清亮的双眸，痛苦过去，就是成功的幸福，跨越风雨，迎来明日的太阳。乌云必定散去，太阳定会重新露出笑脸，即使我们错过了太阳，还会有星星，月亮相伴。

生活赋予我们的美丽光环都是虚幻的，人生中种种不如意，也宛如色彩斑斓的气泡，升入高空，终会破碎。人在旅途中，总有不开心的时候，我们何不舒展自己的笑颜，调整自己的心态，放飞自己的心情。

时常给自己一个微笑吧，生活中我们就会少一分忧伤，多一分快乐；少一分忧郁，多一分坚强；少一分松懈，多一分进取。既然选择了远方，就要风雨兼程。让我们用微笑去面对生活，勇敢跨越坎坷，正视挫折，就能拥有明媚的阳光，灿烂的鲜花，永恒的幸福。

为了远方的梦想，为了前方成功的彼岸，为了青春多彩的画面我们义无反顾的远航吧，用微笑点缀我们的生活，用幸福、快乐谱写人生最壮丽的诗篇。

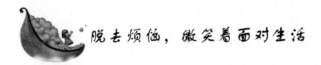

脱去烦恼，微笑着面对生活

到一个朋友家去做客，我见门口赫然挂着一块小木牌，上书："进门前，请脱去烦恼；回家时，带快乐回来。"

进屋后，果见男女主人一团和气，两个孩子大方有礼，温馨和谐充盈着整个屋子。

我自然询问起那块木牌，女主人笑着望向男主人："你说。"

男主人则温柔地望着女主人："还是你说，因为这是你的创意。"

最终，女主人轻缓地说道："有一次，我回家，在电梯的镜子里看到了一张困倦灰暗的脸，一双紧拧的眉毛，烦恼的眼睛……把我自己吓了一大跳。于是，我想，当孩子、丈夫面对这样愁苦阴沉的面孔时，会有什么感觉？假如我面对的也是这样的面孔又会有什么反应？接着，我想到孩子在餐桌上的沉默、丈夫的冷淡……第二天，我就写了一块小木牌钉在门上，以提醒自己。结果，提醒的不只是我自己，而是一家人。奇迹就这样出现了。而且，不仅是我们一家人，到我家的客人也都变得欢欢喜喜……"

1. 微笑着面对生活

到人多的地方去，让不断过往的人流在眼前经过，试图给人们以微笑。事实证明，一个人倘若带着微笑去投入生活，他就会发现生活的确是美好的，还会发现人与人之间的关系并不是冷冰冰的，人与人之间的沟通并不像自己想象得那么难，同时，微笑有助于防止情绪的大幅度波动，这在社交过程中也是非常重要的。

2. 要充满自信，对自己的能力有积极的认识

第六章 胜利的微笑：成功或胜利后高兴、愉悦的笑

不否定自己，不断地告诫自己"我是最优秀的"、"天生我才必有用"。在看到自己缺点的同时，更能够看到自己的优势。这种看待问题的心态，容易使自己看到希望增强信心，始终保持积极的情绪多于消极的情绪。

3. 不要过分苛求自己，也别太在乎别人的评价

更不必追求"所有人"都说好的境界，能做到什么地步就做到什么地步，只要尽力了，不成功也没有关系。

4. 善于忘记

不要总是记挂不愉快的过去和失败，没有什么比现在更重要的了，与其将时间与精力浪费在对过去遭遇或是失败的耿耿于怀与忐忑不安中，不如全身心投入目前的工作和生活，脚踏实地做好现在的事情。

5. "爱人者，人恒爱之"，学会友善的对待别人，以助人为快乐之本

事实上，帮助别人也就是帮助自己，在帮助他人的同时，我们往往能够忘却自己的烦恼，同时也可以证明自己的价值所在，从而更加相信自己和接受自己，并且更有自信心，这种自信心会使人更好地发挥潜能，赢得更多成功的机会。

6. 学会疏泄情绪

有烦恼事一定要说出来，找个可信赖的人，例如，亲人、朋友或是心理医生，说出自己的烦恼。可能他人无法帮你解决问题，但至少可以让你发泄一下。

7. 每天给自己 10 分钟的时间进行思考

只有不断地总结自己，才能够不断面对新的问题和挑战。对工作和生活有了全面而清晰的认识，就能够做到成竹在胸，这有助于在社交过程中展现出自己更加自信的一面。

经常微笑，容易收获成功

微笑是人类最美丽的表情之一。即便独自一人，我们似乎也会自然而然地露出真挚的微笑。据科学家研究，动物是不会微笑的，灵长类动物只会做"鬼脸"或"游戏脸"，嘴巴大开而嘴角微微向后拉，与人类的微笑很不一样。

美国著名演说家卡耐基说：微笑能赢得朋友，影响他人。而研究也明确显示，微笑的人比不微笑的人更让人觉得舒服、好相处、迷人、有才干、老实。在法庭上，法官裁决被告有罪虽然不会基于被告是否微笑，但是判给微笑者的刑罚却比较轻，这个现象被称为"微笑轻罚效应"。也有研究证明，经常微笑的人容易收获成功。原因也在于微笑的人能够让人感觉诚实，容易产生信任。

大笑能够起到缓解压力的作用。在笑声中，身体的系统得以调节。按照弗洛伊德的说法，"一部分精神能量"就这样被消解掉。

微笑是一种有魅力的征服手段。"一个真挚的微笑触动了我们身上本质的一点，那就是我们拥有与生俱来的感知善良的能力。"一位智者在自己的著作中这样写道。

一位年轻的公司职员说："走进一个全是陌生人的房间，我会不由自主地微笑，好像这么做能保护自己似的。"

"当我在街上抓拍陌生人的时候，我喜欢选取他们之间默契的目光和微笑。"25岁的台湾摄影师斯迪文这样说。他到世界各地拍照，那些留在胶片里的微笑成为他旅行中最美好的回忆。

"惴惴不安的微笑说明我们试图控制情绪，而不是被动的忍受它。"法国心理治疗师凯艾莫莱·波利索这样认为。如果说我们的微笑是一种力量，那是因为它也传递了我们的脆弱。

下面是一家小型电脑公司的经理所讲述的他如何为一个很难填补的缺额找到了一位适当的人选的案例。

"我为了替公司找一个电脑博士几乎伤透脑筋，最后我找到一个

第六章　胜利的微笑：成功或胜利后高兴、愉悦的笑

143

非常好的人选，刚刚从名牌大学毕业。几次电话交谈后，我知道还有几家公司也希望他去，而且都比我的公司大，比我的公司有名。当他表示接受这份工作时，我真的是非常高兴也非常意外。他开始上班后，我问他为什么放弃其他更优厚的条件而选择我们公司？他停了一下然后说：'我想是因为其他公司的经理在电话里是冷冰冰的，商业味很重，那使我觉得好像只是另一次生意上的往来而已。但你的声音，听起来似乎你真的希望我能成为公司的一员。因为我似乎看到，电话的那一边，你正在微笑着与我交谈。你可以相信，我在听电话的时候也是笑着的'。"

的确，如果说行动比语言更具有力量，那么微笑就是无声的行动，它所表示的是："我很满意你。你使我快乐。我很高兴见到你。"笑容是结束说话的最佳"句号"，这话真是不假。

"你希望别人高兴地来见你，你就必须高兴地会见别人。"这是一位行政单位的秘书的经验之谈。他说他所属的办公室主任只要是见到上司总会微笑着打招呼、点头，上司也以同样的态度回敬他。可一回到自己的科室，对下属便很冷淡，很严厉，从不露笑脸，这样他也就得不到同仁们的微笑与拥护了。

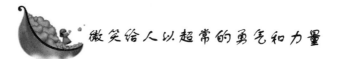

微笑给人以超常的勇气和力量

微笑给人以超常的勇气和力量。它可以使陌生人成为朋友，它可以使父母和子女互相理解，它也可以使恋人之间的爱情更加深厚。

微笑给人以超常的勇气和力量。它还是一种鼓舞与激励。它让冰雪中艰难求索的人感到温暖；它给沙漠中干渴将死的人以继续前进的力量；它让懦夫变得勇敢；它让人们在绝望中看到希望的曙光。

即使在梦里，年轻的母亲也知道要过年了。

即使在梦里，年轻的母亲也知道她应该在旅行袋里装些什么了——都是些过年的东西，她将要与她的婴儿同行，去乡下的娘家团聚。

就这样母亲抱着婴儿乘了一辆长途汽车，在她座位上方的行李架上，摆着她们母子鼓绷绷的行囊。

就这样，长途汽车满载乘客一路飞驰，不想停歇似的一路飞驰。

许久许久，城市已被抛在了身后，而乡村却还远远地不曾出现。天空似锅的闷住了大地上这辆长途汽车，这长久的灰暗和憋闷终于使母亲心中轰地炸开一股惊惧。她想呼喊，但随即母亲便觉出一阵山崩地裂似的摇撼。她的头颅猛烈地撞在车窗上，玻璃无声地粉碎了，母亲和婴儿被抛出了车窗外。

母亲在无边的黑暗里叫喊。当一道闪电凌空划过，母亲才看见脚下的大地正默默地开裂，这是一种令人绝望的开裂。转瞬之间大地已经吞没了不远处母亲的长途汽车和那满车的旅客。这便是世界的末日吧？母亲低下头，麻木地对她的婴儿说道。借着闪电，她看见婴儿对着自己微笑着。

只有婴儿能够在这样的时刻微笑吧？只有这样的婴儿的微笑能够使母亲生出超常的勇气。她知道她必须以沉默来一分一寸地节约她所剩余的力气。她终于奇迹般地从大地的裂缝中攀登上来，她重新爬上了大地。天空渐渐亮了，母亲的双脚已是鲜血淋漓。她并不觉得疼痛，因为怀中的婴儿对她微笑着。

年轻的母亲怀抱着她的婴儿在破碎的大地上奔跑，旷野没有人烟，大地仍在微微地震颤。天空忽明忽暗，这世界仿佛已不再拥有时间，母亲腕上的手表只剩下一张空白的表盘。母亲抬眼四望，苍穹之下已是一无所有。她把头埋在婴儿的身上，开始大声地号啕。

婴儿依旧在母亲的怀中对着母亲微笑。

婴儿那持久的微笑令号啕的母亲倍觉诧异，这时她还感觉到他的一只小手正紧紧地无限信任地拽住她的衣襟，就好比正牢牢地抓住整个世界。

婴儿的确抓住了整个世界，这世界便是她的母亲；婴儿的确可以对着母亲微笑，在他眼中，他的世界始终温暖而完好。

婴儿的小手和婴儿的微笑再一次征服了号啕的母亲，再一次收拾起她那已然崩溃的精神。她初次明白有她存在的世界怎么会消亡？她就是世界。她初次明白她并非一无所有，她有活生生的呼吸，她

145

有无比坚强的双臂，她还有热的眼泪和甘甜的乳汁。她必须让这个世界完整地生活下去，她必须把这个世界的美好和蓬勃献给她的婴儿。

母亲怀抱着婴儿重新上了路。冰雪顷刻间融入了土地，没有水，也没有食物。母亲的乳房渐渐地瘪下去，她开始撕扯身上的棉袄，她开始咀嚼袄中的棉絮。乳汁点点滴滴又涌了出来，婴儿在母亲的怀中对她微笑。

年轻的母亲从睡梦中醒来，宠她爱她的丈夫为她端来一杯热腾腾的牛奶。母亲喝过牛奶跃下床去问候她的婴儿，婴儿在淡蓝色的摇篮里对着母亲微笑，地板上就放着她们那只鼓绷绷的行囊。

母亲转过头对丈夫说，"知道世界在哪儿吗？"

丈夫茫然地看着她。

世界就在这儿，母亲指着摇篮里的婴儿。

丈夫更加茫然。

母亲走到洒满阳光的窗前，对着窗外晶莹的新雪说，世界就是我。

丈夫笑了，笑母亲为什么醒了还要找梦话说。

年轻的母亲并不言语，内心充满了深深地感激。因为她忽然发现，梦境本来就是现实之一种啊！没有这场噩梦，她和她的婴儿又怎能拥有那一夜悲壮坚韧的征程？没有这场噩梦，她和她的婴儿又怎能有力量把世界紧紧地拥在彼此的怀中？在梦中，看似弱小的婴儿却以持久的微笑和无限的信任给予了母亲超常的勇气和力量。

 微笑面对生活，生活充满微笑

有一种情况每个人都会有，比如一早起来就遇到了倒霉事，接下来的一天做事都不顺心，为什么？这是因为你的心情在作怪。

我们生存的世界，并不事事尽如人意，也并不人人一帆风顺。我们总会遇到这样或者那样的无奈：你很想出生于一个富贵的家庭，可偏偏命运捉弄人，你只不过是一介布衣；你迈进了大学的殿堂，毕业后的工作却与所学专业相去甚远；你用生命爱着一个人，到头来他却和别人成了眷属；你拼命工作，出了成绩，领功受赏的却不是你；你的事业投入了很多的心血，却没有多大的起色；你望子成龙，望女成凤，可孩子却不争气；你总看着别人家的老公或者别人家的老婆温柔体贴，事业有成，而自家的身边人却总不尽如人意……你努力着，但却得不到你想要的。面对这些挫折与失败，你可以怨天怨地，可以破罐破摔，可以借酒浇愁，可以整天愁眉苦脸，生活在郁闷之中……但是又有什么用呢？能改变现实吗？

很平常的一天，正忙着，一位小女孩偷偷往我的手心里塞了一张皱巴巴的纸条，我知道，这小家伙准是又有话对我说了！打开一看，乐了，里面竟然是这样的一句话："用微笑面对生活，生活就会充满微笑。"呵呵，那只不过是一个 10 岁的小女孩，懂事，听话，每次跟她说点什么，总是瞪着一双清澈的眼睛注视着你的一举一动，单纯、乖巧得让人怜爱。我笑了，轻轻问她，她说："用微笑面对生活，生活就会充满微笑。这是电视上说的！"

是啊，用微笑面对生活，生活就会充满微笑。

我以前也一度沉迷、忧郁，敲出的忧伤的文字犹如我滴血的心。好朋友了解我忧伤的缘由后，直言不讳地对我说："说真的，你的忧伤都是你自己找的，要给自己信心，爱不在身边，不等于不爱你。其实，你可以找借口让自己伤心难过，你也可以给自己找一个理由让自己快乐起来！"于是，我开朗起来了，学会了用微笑面对生活。

我曾看过一篇文章，说有一位老人每天都习惯说一声"又是不愉快的一天"，但是他其实很希望这一天是美好的，事与愿违，如他说的一样每天他都不愉快。这是因为他越害怕不愉快就越谨小慎微，担心害怕。如果怀着这样的心情过每一天，那么幸福、愉悦自然不会降临到你的身边。所以用微笑去面对每一天，每一个小时，每一分钟，甚至是每一秒，我相信你一定能走出阴霾，重新回归光明。

每天在刷牙时对自己说"我今天能做好"，然后对自己微笑，收拾心情度过每一秒钟。

希望能天天拥有一个好心情，你我共勉。

第六章　胜利的微笑：成功或胜利后高兴、愉悦的笑

147

早上起床，给家人一个微笑，让他们知道无论他们今天要走什么样的路，而你永远是爱他们的；上班的路上，给匆匆而过的路人一个微笑，让他们明白你是友好的；回到办公室，给同事一个微笑，让他们知道今天会是一个阳光灿烂的一天，因为你在给他们创造快乐……

俗话说"伸手不打笑脸人"。街上，当因为拥挤、摩擦产生矛盾的时候，大家相视默契一笑，所有的不愉快会烟消云散，化干戈为玉帛；当孩子不敢迈出新的步伐时，你的笑容与鼓励让他信心百倍；当家人好友遭遇困境，犹如"受伤的困兽"的时候，轻轻地拍拍他的肩头，做个意味深长笑脸，此时无声胜有声，他知道最困难、最落寞的时候有你支持！终于有一天，他们对我说："你最漂亮时是你微笑的时候，最难忘记的是你一说话就笑！"

笑容是给别人最好的礼物。孩子的笑，最纯真，最可爱，成年人真诚的笑，更是非常珍贵的。我喜欢微笑，也喜欢收集微笑，喜欢让别人一转脸看到的就是我灿烂的笑脸，未说话，笑已露，多么亲切！我不能给予身边的人太多的物质享受，不能给予他们太多的关怀与照顾，但是我可以给他们一个微笑，给他们一个好心情。我也喜欢别人给我回报以真诚的微笑。

朋友，笑着面对生活吧，不要钻牛角尖，打死扣。可以得到的珍惜它，不能得到的，暂时放下它。人生本来短暂，何必再让自己抑郁一生？记得《蔷薇之恋》里的百合曾经说："上帝在为你关闭一扇门时，会为你打开一扇窗！"上帝没有偏爱谁，她只是给了我们能够以各种不同的思考方式来安排我们生活的本能，让我们的生活充满微笑。在失望的日子里要振作，只要不断种植希望，终有新的美好来临。

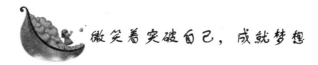

微笑着突破自己，成就梦想

微笑生活吧，只有微笑，你才能拥有快乐，拥有健康，拥有生命，拥有朋友，拥有事业，拥有梦想。微笑生活，去成就你的梦想吧！

在人生的战场上，最大的敌人是自己，很多人只想改变别人，而不愿意改变自己，只向外突破，所以失败。如果你不能突破自己，斗不过自己的人性，就很难成功。只有向内突破，改变自己，才是真正的突破。因此，人应该微笑生活，微笑着突破自己，成就自己心底的梦想。

一位姑娘常常向做厨师的父亲抱怨，说世事艰难，不知如何应付生活，她有些厌倦人生。

父亲把她带进厨房，他先往三口锅里倒入一些水，然后，把锅放在旺火上。不久，水开了。他往三口锅里分别放入了胡萝卜、鸡蛋、碾成粉状的咖啡豆。女儿有些好奇，不知父亲在做什么。

20 分钟后，父亲把火关了，把胡萝卜捞出来，放入一个碗内，把鸡蛋捞出来，放入另一个碗内，然后把咖啡倒在一个杯子里。

父亲转头问女儿："孩子，你看见了什么？""胡萝卜、鸡蛋、咖啡。"她说。父亲让她靠近一些，摸摸胡萝卜，结果发现，胡萝卜变软了。

父亲又让女儿拿一个鸡蛋，打破它，剥掉壳。这是一个煮熟的鸡蛋。

最后，父亲让她喝了一口咖啡，尝到鲜浓的咖啡，女儿笑了，小声说："父亲，这意味着什么？"

父亲说，三样东西面临同样的逆境——煮沸的开水，但其反应各不相同。胡萝卜入锅前是强壮的，结果放进开水里它变软了。鸡蛋原来是易碎的，薄薄的外壳保护着柔软的蛋黄，开水一煮，蛋黄变硬。粉状咖啡豆却很独特，进入沸水，它倒变成了水状。

不难看出，在艰难和逆境面前，可以学习胡萝卜、鸡蛋或咖啡豆，可以屈服，也可以变得更坚强，甚至可以改变环境。因此，你改变不了环境，但可以改变自己；你改变不了事实，但可以改变态度；你不能控制他人，但可以把握自己；你不能样样顺利，但可以事事尽心；你不能左右天气，但可以改变心情；你不能选择容貌，但可以展现笑容。

是的，心态有时比什么都重要，试着改变自我，有了良好的心态，才会有发自内心的笑容。

微笑就是和气、开心、快乐、乐观。每天要做的事很多，要遇到的人也不少。所以要有一个好的心态，微笑着去面对每个人，微笑着去做每一件事情。想一个人，要多想他的长处，不要拿自己的优点去对比别人的缺点。要多想与人相处时别人对自己的关心与爱护，多想别人对自己说过的有益的话，做过的有益的事。不要只想别人如何伤害过自己，而不想自己曾经给别人造成的痛苦。经常做到换位思考，替对方考虑，那些苦恼和不必要的痛苦就自然消失了。

人的一生，只要学会微笑生活，微笑对待朋友，勤奋、认真、诚实、脚踏实地，付出就会有回报。没有阳光，就没有绚丽的花朵；没有雨露，就没有参天的大树；没有微笑面对别人，就没有心心相印的朋友；没有良好的心态，就没有良好的回报。

 用微笑化解人世间的一切忧愁

微笑着去面对生活，不要埋怨生活给了你太多的压力，也不必抱怨前进的道路上有太多的曲折，不经一番风霜苦，哪得梅花扑鼻香。天空如果没有了电闪雷鸣，就会失去其雄浑；沙漠如果没有了飞沙的狂舞，就会失去其壮观；人生如果仅求得两点一线的平淡度日，生命也就失去了其存在的魅力。

微笑着去面对生活，把每一次失败都归结成一次尝试，不必自卑，把每一次成功都想象成一种幸运，不必自傲。就这样，微笑着，去面对挫折，去接受幸福，去品味孤独，去沐浴忧伤，去挑战生命。

人生会有太多的不如意，当一切都无法挽回的时候，唯一可以改变的是自己的心境，何不让自己过得快乐一点，再快乐一点呢。"请把你的歌，带回我的家，请把你的微笑留下。"唱得多好啊，人生就当如此，微笑地去面对生活，你会发现生活永远是那样的美好。

微笑就是这样神奇，它让每个人因有它而变得神采飞扬，化解了多少愁苦，鼓励了多少失败者。它是心与心的交接，是情与情的传递，是神与神的会意。

从一个微笑开始，用微笑表达情感，用微笑传递友谊，用微笑传播文明，用微笑构筑和谐，微笑是促进你前进的动力，"度尽劫波兄弟在，相逢一笑泯恩仇"。如此的"一笑"将所有的恩怨抛向空中，成了人与人之间和谐的催化剂。"微笑着面对生活，你会得到成功的洗礼。"用微笑化解人世间的一切忧愁。

20 年前的美国加州，曾经发生过一个真实的故事：一位 6 岁的小女孩，在一次玩耍中遇上个陌生的路人，陌生人一下子给了她 4 万美元的现金。

一个小女孩在突然间受到这么大额的馈赠，消息一传出去，几乎整个加州为之骚动。

记者纷纷找上门来，访问这个小女孩："小妹妹，你在路上遇到的那位陌生人，你认识他吗？他是你家亲戚吗？他为什么会给你那么多的钱？4 万美元啊，那是一笔很大的数字啊……"

小女孩露出甜美的微笑，回答："不，我不认识他，他也不是我家的亲戚，我想……他脑筋应该也没有问题吧！为什么给我这么多钱，我也不知道啊……"尽管记者用尽一切方法追问，仍是完全无法一探究竟。

小女孩的邻居和家人，也多次试着用小女孩熟知的方法来引导她，要她回想一下，为何这个路人会给她这么多钱。

这位小女孩努力地想了又想，若有所悟地告诉她的父亲："就在那一天，我刚好在外面玩，路上碰到这个人，当时我记得对着他露出微笑，就只有这样呀！"

父亲接着问道："那么，对方有没有说什么话呢？"

小女孩想了想，答道："他好像说了句：'你天使般的微笑，化解了我多年的苦闷！'爸爸，什么是苦闷啊？"

原来这个路人是一个富豪，一个不是很快乐的有钱人。他脸上的表情一直是非常冷漠的。在他生活和工作的环境里，根本没有人敢对着他笑。而当这位富豪突然遇到一个小女孩对着他露出真诚的微笑，使得这位富豪心中不自觉地温暖了起来。于是，富豪决定给予小女孩4万美元，这是他对那时候他所拥有的那种感觉，自己定出的价格。

如果一个天使般的微笑，足以打开心中纠缠多年的死结，这样的笑容应该是无价的。同时，它也会是化解困境最有效的绝招之一。

 以欢悦的态度微笑着对待生活

任何人的生活都不可能完全如意，总会有这样那样的事。如果你把注意力都放在这些事上，那你的烦恼一定会没完没了。烦恼就像白纸上的小黑点一样，为什么大家都盯着那个微不足道的瑕疵，而看不到整张的白纸呢。每日每月每年我们身边都要发生成百上千的小事，如果你把它们都放在心上的话，就会有成千上万个烦恼。其实一些无关大局的小事就该忘掉，放下它们你会发现，世上本无事，庸人自扰之。你可以学着多微笑，因为微笑是有力量的。当你对一个人微笑时，他会还你一个更灿烂的微笑；当你对一群人微笑时，你会获得一天的好心情。

英国作家萨克雷有句名言："生活是一面镜子，你对它笑，它就对你笑；你对它哭，它也对你哭。"确实，不管你生活中有哪些不幸和挫折，你都应以欢悦的态度微笑着对待生活。下面介绍的几条原则，可以帮助你在生活中感受到满足，减轻或者消除你的烦恼。

1. 要朝好的方向想

有时人们变得焦躁不安，是由于碰到自己所无法控制的局面。此时，你应承认现实，然后设法创造条件，使之向着有利的方向转化。此外，还可以把思路转向别的什么事上，诸如回忆一段令人愉快的往事。

2. 不要把眼睛盯在"伤口"上

如果某些烦恼的事已经发生，你就应正视它，并努力寻找解决的办法。如果这件事已经过去，那就抛弃它，不要把它留在记忆里，尤其是别人对你的不友好态度，千万不要念念不忘，更不要说："我总是被人曲解和欺负。"当然，有些不顺心的事，适当地向亲人或朋友吐露，可以减轻烦恼造成的压力，这样心情会好受一些。

3. 放弃不切合实际的希望

做事情总要按实际情况循序渐进，不要总想一口吃个胖子。有人为金钱、权力、荣誉奋斗。可是，这类东西你获得越多，你的欲望也就会越大，这是一种无止境的追求。好像一个人做官、发财、出名似乎是一下子的事情，而实际上并不那么简单。因此，你应在怀着远大抱负和理想的同时，随时确立短期目标，一步步地实现你的理想。

4. 要意识到自己是幸福的

有些想不开的人，在烦恼袭来时，总觉得自己是天底下最不幸的人，谁都比，自己强。其实，事情并不完全是这样，也许你在某方面是不幸的，在其他方面依然是很幸运的。如上天把某人塑造成矮子，但却给他一个十分聪颖的大脑。请记住一句风趣的话："在我遇到没有双足的人之前，一直为自己没有鞋而感到不幸。"生活有时就是这样捉弄人，但又充满着幽默味道，想到这些，你也许会感到轻松和愉快了吧。

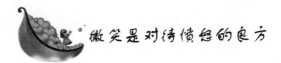

微笑是对待愤怒的良方

气愤的人是如何表现的：鼻孔鼓鼓的，脸涨得红红的，拳头握得紧紧的，人所共知。可你知道不知道，这时他的身体里发生了什么变化？原来，血液里的肾上腺素、副甲肾上腺素和葡萄糖增多，产生所谓的生物化学紧张、脉搏加快的现象。每分钟流经心脏的血液猛增，对氧气的需求也就增加。经常这样，高血压、动脉粥样硬化、偏头痛、多尿症……怎么办？

1. 学会发泄

古罗马人手里总是拿着特别的樽（古代饮器），遇到气愤时能随时把它打碎。聪明的日本人在事务所里放个上司的泥塑，供下属下班后敲打发泄，如果没有多余的餐具，也没有泥塑，可以通过其他途径出气。

2. 自制力始终十分重要

特别是那些处于显赫地位的人在脉搏加快之前，把要解决的问题放一放，平静一下自己。

3. 愤怒容易使人失去理智

有一个很能说明问题的例子：古代的皮索恩是一个品德高尚、受人尊敬的军事领袖。一次，一个士兵侦察回来，没能说清楚跟他一起去的另一个士兵的下落。皮索恩愤怒极了，当即决定处死这个士兵。就在这个士兵被带到绞刑架前时，失踪的士兵回来了。结果却出人意料：皮索恩由于羞愧更加暴怒，处死了 3 个人。

第一个士兵——坚决执行下达的死刑令；

第二个士兵——由于没有及时归来。造成第一个士兵被处死；

第三个刽子手——因为没有执行命令。

4. 沉默是对付愤怒的好方法

俄国历史上的女皇叶卡捷琳娜·韦利卡娅就不止一次采用这种方法。当她对某大臣产生愤怒时，急忙喝一大口水，在房间里走啊，走啊，直到愤怒被宽容代替。

5. 先不要激动

你被什么激怒了，先不要激动，冷静地全面考虑一下冲突，也许，会得出结论：激怒是没有根据的，那还生什么气呢？

6. 微笑会创造奇迹

当你被愤怒控制，处于激动之中，会做出许多傻事。遇到这种情况，要神志清醒。即使是装——也要微笑。原来，微笑会创造奇迹。你刚咧开嘴，脑海里立刻浮现一些愉快的事，所有器官从准备"战斗"的状态中获得解决，血液趋于均匀，心脏跳动有节奏，大脑供氧得到改善。想一想，感情很有感染力的。如果说，愤怒引来愤怒，那么，微笑回报微笑。

7. 摆脱愤怒

试一试那些能聚精会神的动作，例如，咬紧嘴唇，舌头缓慢沿上腭做切线移动 5~6 次，然后默默数到 10。再做几个深呼吸，反复

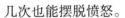
几次也能摆脱愤怒。

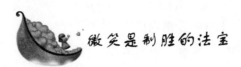

微笑是制胜的法宝

　　在诸多的体育新闻里，让我们记忆深刻的是中国羽毛球队男女混双冠军张军与高崚，无论输赢始终保持着微笑。

　　我们相信微笑的力量，在任何时空，都直抵心灵。对队员，是一种肯定，一份激励；对球迷，是一缕清风，一个承诺。而对手，可能会从这从容的微笑中，感到紧张，有一种莫名的力量难以抗衡。他们始终如一的微笑给全世界留下不灭的印象，像和煦的春风一样温暖和感动着那些生活中缺少微笑的人。

　　普吉岛是泰国新开发的旅游景点，但在短时间内游客数量就上升到与其他名胜景点持平，这不仅仅是它美丽独特的岛国风光，还有一个制胜的重要法宝——微笑。在普吉岛的每一天里，游客都能深刻感受到普吉人的"微笑攻势"。"你对一个游客微笑了，就是对普吉的贡献，对泰国的贡献。"泰国旅游局官员这样强调微笑的力量。

　　微笑使人与人之间心心相通。想想在那样一个仿如世外桃源的地方漫步，路上的每一个行人都对你展露甜美如孩童般的微笑，你还能让烦恼弥漫你的整个心灵吗？

　　或许，对一个人、一个集体，乃至一个社会，微笑的力量都是不可忽视的。

　　难得的假期里重温了《东京爱情故事》，主人公莉香，她始终以灿烂纯净的笑靥面对人生、面对爱情，头仰得高高的，把眼泪一颗一颗地逼回去。"我从来都没有让时间静止下来，从来都没有这么想过，即使知道明天会有悲伤的事，我也高兴地期待着明天的来临。"

　　即使有一天在东京街头与完治相遇，站在他的身旁已不是自己，莉香嘴角依然绽开明媚如六月耀眼阳光的微笑，挥动的手臂，深情地呼唤告诉我们，直到爱已成伤，也要无怨无悔。不管那人对你怎

样；你在心里爱着的，永远不会失去。

一直觉得，是莉香的笑容成就了《东京爱情故事》，赋予了整部戏水晶般的剔透，钻石般的华美。没有莉香的笑容，《东京爱情故事》也只是一部平常的爱情偶像剧。

向往莉香灿烂的笑容，如同阳光直透心灵。

不仅是爱情，生活中也是这样吧，无论有多大的困难和挫折，无论有多少的失落与辛酸，只要坚持住嘴角的那抹微笑，沉着应变，努力拼搏，用微笑营造内心的自信恬淡，就一定能披荆斩棘、攻坚克难，越过所有的世事云烟笑到最后。

微笑能沟通心灵、彼此信任；微笑能激励斗志、顽强拼搏；微笑更能乐观人生、创造奇迹。让我们彼此问候：今天，你微笑了吗？如果没有，我们一起来微笑吧！

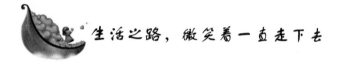

生活之路，微笑着一直走下去

微笑在黑暗中给我们送来光明。微笑在寒冷的冬天带给我们温暖的阳光。微笑能打破坚冰。微笑服务犹如彩虹，雨天结束，天空重现美丽。

微笑体现着爱和友谊。老师的微笑激励着我们，母亲的微笑使我们感到温暖，朋友的微笑使我们更加亲密。我们欢迎别人的微笑，我们也该向别人微笑。没有谁会比一个经常向别人微笑的人更富有。如果一个人没有对你微笑，就向他微笑吧。微笑让你忘却悲伤。生活之路很漫长，我们为什么不微笑着一直走下去呢？

小李是一个事业有成的青年，从小继承了数目庞大的家产，使他年纪轻轻就已经是数家公司的老板。

他虽然很聪明很有才能，但也有一个缺点，那就是有一些富家子弟的气息。身上总是穿着至少价值数万元的西装，手腕上也戴着一块耀眼的劳力士金表，使他看起来确实颇为招摇。而且他平时为人也非常傲慢，只为自己着想。所以，大家都很讨厌他。但数个月前的某一天，当我在街头遇见他时，却令我一惊。

因为平时总是身穿名牌的他，竟然只穿着了一件非常普通的 T 恤，手腕上也没有那块耀眼的金表，而换了一块极便宜的石英表。态度也十分随和，脸上是过去少见的微笑。

面对巨大的转变，我有些不敢相信，甚至怀疑眼前的此人，究竟是不是小李！

原来，一个月前，身着名牌的小李走进了一家大型百货公司，想为病床上的母亲买一件礼物。由于母亲这两天病情有了转机，因此他的心情特别好。

当他停好那辆宝马车，准备走出停车场时，突然有一个身材矮小粗壮的男人，从侧面猛力撞了过来，不仅没有道歉，还非常无礼地瞪着他。按照小李平时的习惯，肯定会冲上前去理论一番，但他那天不仅心情好，况且是来为母亲买礼物，所以他并没有发火，相反的，还像一个老朋友一样，向那个男子点头微笑，并说了一句："对不起！"

看到小李微笑的表情和那一句"对不起"，那个凶狠的男人似乎有些惊奇，并露出了一种不可思议的表情。就在那一瞬间，他凶恶的表情渐渐软化下来。

突然，他转身向外跑去。

小李当时只是感到有些莫名其妙，也没有在意。后来才发现，手腕上的劳力士表已不知在何时不翼而飞。

回家后小李看到晚上的新闻报道，提到当天中午，在某幢大厦的地下停车场里，发生了一起重大劫案。劫匪砍伤了一个驾驶着豪华跑车的老板，抢走了许多贵重物品。

当屏幕上播出这个劫匪的照片时，小李赫然发现，原来正是那个无礼碰撞自己的男人！

显然，当时如果小李与他冲突起来，极可能也会被劫匪砍伤。望着事主满脸鲜血的惨样，他不禁想到，究竟是什么救了自己，这个凶狠的劫匪为什么要放弃呢？

也许就是他当时的微笑——像朋友般真诚的微笑。同时，小李也开始怀疑自己这身鲜亮的打扮，究竟有什么意义。就在这个时候，他在朋友的带领下，参加了一场布道会。在牧师的讲道中，他听到了一个《伊索寓言》中的故事：

从前有一头长着漂亮长角的鹿，来到泉水边喝水，看着水面上的倒影，它不禁洋洋得意。"啊，多么好看的一对长角！"

只是，当它看见自己那双似乎细长无力的双腿时，又闷闷不乐了。正在这个时候，出现了一头凶猛的狮子，这头鹿开始拼命地奔跑。由于鹿腿健壮有力，连狮子也被抛得远远的。

但到了一片丛林地带之后，鹿角被树枝绊住了。狮子最后追了上来，一口咬住了它。

在临死之时，这头鹿悔恨地说道："我真蠢！一直不在意的双腿，竟是自己的逃命工具；引以为自豪的长角，最后竟害了自己！"

最后，这位牧师让大家思索，自己生命中那双华而无益的鹿角，和那双坚强有力的鹿腿，究竟在哪里呢？

经过一番深入思索，小李终于大彻大悟。一直以来，默默支持自己的员工、朋友，原来就是那双坚强有力的鹿腿。而自己这身华丽的装扮和傲慢的态度，正是那双无益而有害的鹿角。

明白这一点，他的生命开始改变。在公司中，从此那个傲慢、不关心他人的老板消失了，而一个态度随和，关心他人，脸上时刻洋溢着微笑的新老板出现在大家面前。

最重要的是，自此以后，小李脸上总是带着微笑——那种可以改变他命运的微笑。

请多一点微笑，无论对任何人。或许这并不能使你避开一场灾祸，但至少会使你成为一个受欢迎的人。

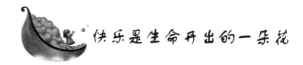

快乐是生命开出的一朵花

笑一笑，十年少。对人生来说，没有比笑更好的事情了。虽然说，人生的苦难要大于快乐，但是，只要用快乐的心境去面对，任何苦难的重量都会减轻一半。

　　小时候，我梦想成为一个画家，一有空闲就开始画画。父亲见我如此痴迷画画，便领我去拜访一位老画家。老画家看了我的画后，问："孩子，你为什么要学画画呢？"

　　"我想成为一个画家。"我说。

　　"但不是每一个学画画的人最后都能成为画家。"老画家提醒我说："孩子，你画画时觉得快乐吗？"

　　"快乐。"我回答说。

　　"有快乐就够了！"

　　老画家还告诉我，世界上有两种花，一种花能结果，一种花不能结果，而不能结果的花却更加美丽，比如玫瑰，又比如郁金香，它们从不因为不能结果，而放弃绽放自身的快乐和美丽。人也像花一样，有一种人能结果，成就一番事业，而有一种人不能结果，一生没有什么建树，只是一个普通人而已。但普通人只要心中有快乐，脸上有欢笑，照样可以像玫瑰和郁金香那样，得到人们的欣赏和喜爱。临走时，老画家拍拍我的肩膀，鼓励我说："孩子，去做一个快乐的人吧。因为有快乐就有人生的幸福，有快乐就有生活的阳光。"

　　现在，我仍然保持画画的习惯，但目的再也不是为了成为一个画家，而是在画画的过程中去领略和享受人生的快乐。就像老画家所说的那样，有快乐就够了，有快乐就有人生的幸福，有快乐就有生活的阳光。

　　春天，我见一个女孩站在阳台上，她手持一根木棍，木棍的一端系着一根漂亮的红丝线，红丝线在窗外轻盈地飘着。我问小女孩在干什么，小女孩说，她在钓蝴蝶。我问，没有钩怎么能钓着蝴蝶呢？小女孩说，她不是在钓蝴蝶的身子，而是在钓蝴蝶的快乐。

　　小女孩的话让我想起一位友人。他爱好钓鱼，每天一大早出门，傍晚时候才回来。一次，他拎回的鱼篓空空的，一条鱼也没有，可他仍是一路欢歌。别人不解地问："你都等了一天，也没有等来一条上钩的鱼，怎么还这样快乐？"他回答："鱼不咬我的钩那是它的事，我却钓上来了一天的快乐！"

　　原来，对真正的垂钓者而言，最好的那条鱼便是快乐。

　　"天空不留下鸟的痕迹，但我已飞过。"这句诗我很早就读过，

第六章　胜利的微笑：成功或胜利后高兴、愉悦的笑

那时，我只感到这诗很美，但不知道美在哪里。现在我从那位友人身上，读懂了这句诗的美和内涵：飞翔的目的不是为了留下痕迹，而是在飞翔中尽情地享受自由和快乐。

同样，生活也不会留下我们曾经快乐的痕迹，但只要我们快乐过，这就足够了，因为对人生来说，最好的那条鱼是快乐！

最近，读到一份介绍冰岛的资料：冰岛位于寒冷的北大西洋，约13％的土地为冰雪覆盖，也是世界上活火山最多的国家之一，堪称"水深火热"！冬天更是漫漫长夜，每天有20小时是黑夜，可谓"暗无天日"！可是，冰岛的死亡率却位于世界之末，人均寿命居世界之首。

生活在如此恶劣环境下的冰岛人，为什么死亡率位于世界之末而人均寿命居于世界之首呢？

带着这个疑问，美国一个名叫盖洛普的民意测验组织，对世界18个国家的居民做了一次抽样调查，结果表明，冰岛的居民是世界上最快乐的人。参加测试的27万冰岛人，82％的人都表示满意自己的生活。

原来，冰岛人长寿的秘诀是快乐。快乐是最好的药，快乐是生命开出的一朵花，它不仅能延缓我们生理机能的衰老，而且还可以让我们通过快乐这扇心窗，在逆境中依然看到世界的美丽和阳光。

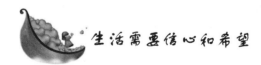

生活需要信心和希望

生活确实需要信心和希望，哪怕身陷劫难之中，只要有信心和希望，只要你懂得对自己微笑，那么一定会有不一样的未来在前面等着你。

他是个来自农村的打工者，经历普通得不能再普通。

从十七八岁当学徒开始，他进过很多工厂，学了些技术，机修、电器原理都懂一点点，可是运气不好，他待过的厂子总是不景气。这没关系，年轻嘛，有的是精力，什么都可以干，送快递、送外卖、

进搬家公司、当保安……

今年他30岁了，还是单身。母亲每次打电话没别的事，就催他赶快办这件大事。

他笑笑说："老妈想得简单，让我娶谁去呢？我小时候营养不良，个子小，女孩看不上我。我去过婚介所，工作人员挺热情，让我交1000块钱，说给我找到为止。我说让我考虑一下，就走了。傻子才把钱扔水里呢，我挣得多不容易！农村？农村哪里还有？去年老爹生病我回了趟家，从村头走到村尾，没碰到一个女孩子，全部出去打工啦。再说，即使有人肯嫁给我，至少我得有房子吧，我挣得出一套房子吗？即使拼死拼活挣出来，那我还有一天好日子过吗？创业，发家，每个人都想，但不是每个人都能做到的。你说是不？"

他说起眼下的生活："我还是很想得通的，我喜欢自行车，就买了好几辆，一辆捷安特，下雪天也敢骑，骑一个多小时，到电影院看大片。是啊，路远，住在城乡结合部，租金便宜一点。原先一辆旧的就放在乡下家里，回家走亲访友好骑骑。我还参加极限自行车俱乐部，玩车，我的山地车4000多块买来的，自己加工，前后轮都使用碟刹，后轮使用液压避震……所以打工那么多年，我没多少积蓄。"

他说："最恨偷自行车的人了。我的车就是自己找回来的。现在我抓偷车贼很有名，警察都知道我，他们叫我反盗车志愿者。哈哈，我喜欢这称号，更卖力了。"

你见识过这样的打工者吗？在许多城市人、高学历的人都在为生存苦苦打拼仿佛永无休止的同时，一个收入并不高、只能满足最低生存保障的农村娃，竟能活得这样快乐、精彩，他能设法满足自己的社会交往需求、自我价值实现需求。至于成家的问题，他一点也不着急，好好活，总会有一个好女孩看上我的，你信吗？

 胜利属于在逆境中微笑的人

逆境，是帮你淘汰竞争者的地方。因为大家都一样，大多数人过不了这个门槛，你能过，你就成功了。在这样的时刻，我们需要耐心并满怀信心地去等待。路要一步步走，大部分的路途是平凡甚至枯燥的，胜利属于那些有耐心且懂得在逆境中微笑的人。

我宣布从惠普（中国）公司总裁任上退休后，接到许多人的祝贺，大部分人都认为我能够在这样的年龄，以及这样的职位上选择退休，是一种勇气，也是一种福气。

虽然离开惠普时间不长，但感觉惠普已经离我很远。这并非是我对惠普没有任何眷恋，而是想以此驱动自己往前走。

我只是普通人。这个世界上，成功的人总是少数。因此，大多数人的做法和看法，往往都与成功有一定距离。比如：大多数人都去炒股的时候，跌只是时间问题；往往是房价涨得差不多了的时候，大多数人才开始买房子。不会有一件事情能让大家都成功。

回过头来说，李嘉诚可能比你有钱50万倍，但他比你更快乐吗？或许会比你快乐，但有没有比你快乐50万倍？一定没有。他甚至可能还不如你快乐。寻找自己想要的东西不是和别人比赛，比谁的目标更远大。比如说，你把目标设定为要成为李嘉诚，这尽管很宏大，但你并不见得会从这个目标以及追求目标的过程中获得快乐，而且基本上你也做不到。

有人说：我每天加班，累得要死，哪有时间娱乐、锻炼、交流？那是人们把目标设定得太高的缘故。如果你还在动不动就会被老板炒掉的边缘，难道你还想每天去打高尔夫？没时间去健身房，上下班多走几步可以吧？没时间社交，每月郊游一次可以吧？开始总是有些难的，但迈出这一步就会向良性循环的方向发展。工作已经很苦闷，再用剩下的时间来咀嚼苦闷，只会让生活更加糟糕。

不必因为自己的目标比别人小感到不好意思，达到就是成功。

成功有大小，快乐却是一样的。我们追逐目标，其实追逐的是成功带来的快乐，而非目标本身。你必须倾听内心的声音，寻找真正能够使你获得快乐的东西，那才是拥有你想要的东西。但在职业生涯的道路上，我们却常常会被攀比的心态蒙住眼睛，忘记了追求的究竟是什么，忘记了是什么能使我们更快乐。

社会上一夜暴富的新闻很多。这些消息，总会在我们的心里掀起涟漪，涟漪多了就会变成惊涛骇浪。心里的惊涛骇浪除了打翻承载你目标的小船，绝不会使你一夜暴富。有句俗语说："只见贼吃肉，不见贼挨揍。"我们这些普通人既没有当贼的勇气，又缺乏当贼的狠辣决绝，虽然羡慕吃肉，却更害怕挨揍。偶尔看到几个没挨揍的贼就按捺不住，或者心思活动，或者感觉不公，真要叫你去做贼，却也不敢。

所以，还是过普通人的日子，享普通人的快乐，至少，晚上睡得着觉。

我们是普通人。这意味着：每个人总会轮到几次不公平的事情。而通常安心等待是最好的办法。正如并不是每次闯红灯都会被汽车撞一样，并不是你的每一次坚持都会有人看到，每一点付出都能得到公正的回报，每一个善意都能被理解……这就是世道。即使你认为世道不够好，可是，有更好的解决办法吗？

所以说，很多时候，人需要一点耐心、一点信心，要耐得住寂寞。如今功成名就的人，你看到他们成名，可曾看到当初他们的等待和耐心？每一个成功者都有一段低沉苦闷的日子，我几乎能想象得出来他们借酒消愁的样子，以及为生存而挣扎的窘迫。在他们一生中最灿烂美好的日子里，他们渴望成功，却两手空空，一如现在的你。

我曾经也不明白，为什么有些人并不比我有能力，却要坐在我的头上？年纪比我大就一定要当我的领导吗？为什么刚刚改革开放时赚钱那么容易，而轮到我们的时候，什么事情都要正规化？但想想，他们在社会上挣扎奋斗十几二十年，我们新人来了，他们有的我都想要，这不是公平，而是在抢劫。人总是会有低潮的，这恰恰也是人生最关键的时候。

163

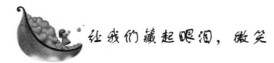

让我们藏起眼泪，微笑

世界上本没有钢铁战士。然而那些懂得微笑着面对生活艰辛和不如意的人，总能在困难的时候，将自己变成强大的钢铁战士。

"不是不想伤感，不是不想崩溃，只是，崩溃了之后还得从头收拾……"说这话的是我的朋友燕子。看她一丝不苟盘在头上的长发，合体的职业装，一尘不染的半高跟鞋，端庄的形象再加上一脸的阳光灿烂，没有人知道她最近有多狼狈。

先是父亲突然中风住医院，她和母亲一天24小时的轮番守候和送饭。好不容易父亲好点，不等她松一口气，她读高三正在准备高考的孩子却突然生病了，发烧、咳嗽和肺炎，真让她心急如焚。燕子在公司、医院和家之间来回奔波，在父亲和孩子床前左右穿梭，两个月下来，燕子已经花容失尽，成了地道的"骨感"女人。

我从外地回来，听说此消息赶紧去看她。一路走一路想着她如何憔悴、如何沮丧，甚至于如何狼狈。可眼前的燕子虽然消瘦，却仍然如往日般挺拔。面对她的笑脸，我疑惑传话的人一定搞错了。待小心地问起她的近况，燕子说："一切都是真的。"我感慨地握住她的手："要是换了我，早垮了！"燕子拍拍我的手笑着说："其实我已经垮掉一百回了！"

"可你，看上去……"我再次疑惑。

"是啊，我看上去无比坚强、无比乐观，像个钢铁战士。所以有的人就相信我快乐勇敢，我无所畏惧。只有我自己知道，每次穿梭于医院和家之间时，骑着单车穿过空旷的大街，要用怎样的毅力才能爬上楼去，走进家门，扑在床上只想大哭大叫，可眼泪还没流出来，心底另一个声音就说：别哭了，省些力气吧，明天一大早还要起床熬粥送去医院，然后赶到公司去上班呢，明天工作一大堆，手上一个材料要赶出来……还没想完呢，人已经入睡了……"燕子的脸上满是无奈，却仍笑着。

在感慨中我只有静默着。

燕子接着说："真羡慕电影里演的那些女人啊，总会找到一个时机、一个理由崩溃一番，大吼大叫、大哭大闹。或者狂醉、或者失踪、或者干脆大病一场睡上几天几夜，一切都不管不顾。而且总有个宽肩膀、厚胸膛的伟岸男人随时等在旁边，承受她的眼泪，然后为她收拾残局……可那只是在屏幕上。现实中，你哪能随时都有个男人在边上等着伺候你，任由你随时可以把眼泪、鼻涕抹满他的胸膛？老公离那么远，也不是马上就回得来的。再说，男人也有男人说不出来的烦心事。所以，遇到事情还得自己承担，你唯一的出路就是自己挺住！为了老人和孩子，为了家的祥和，为了外面工作的人放心，也为了自己，拿出无比的坚强和勇气，打扮好自己的外在，调整好自己的内心，乐观面对一切询问的目光说："没什么大问题，一切都会解决的，一切都很好，我能够承受！你当真也就挺过来了。现实生活中哪个女人不是这样过日子的呢？"

我十分感慨地和燕子告别，其他的安慰都成了多余的话，我只有用力握了握她的手。看着她劳累消瘦的身影，谁能知道一个外表舒气优雅的女性此刻内心里是怎样地在承受着巨大的压力？

但是，日子总要过的，我相信她的勇气和毅力！她一定会在明天早上太阳出来的时候，穿上职业装，勇敢地用微笑去面对生活中的一切困难。

第六章　胜利的微笑：成功或胜利后高兴、愉悦的笑

第七章　职业的微笑：自觉地面带笑容，高雅姿态的笑

　　一个暖意的微笑，让人如沐春风；一个诚意的微笑，让人温暖顿生；一个至善的微笑，让人宾至如归。

 微笑是对职业的敬畏

一个暖意的微笑，让人如沐春风；一个诚意的微笑，让人温暖顿生；一个至善的微笑，让人宾至如归。

一个性格内向的女孩，在参加工作之前并不善于和别人沟通，看到陌生人甚至还会垂下眼帘，不敢主动说一句话。可是就这样一位腼腆的女孩，参加工作却到了"窗口"行业，而且数年后成了"服务标兵"。下面就是她讲述的故事。

当我走进了中国银行，走上了银行一线的储蓄岗位，才意识到做好这项工作，不仅要有娴熟的技能，严谨的态度，还要学会如何和客户们沟通。有一位前辈的话，曾让我获益匪浅。她说："不要小看银行这小小的三尺柜台，其实它也是你人生的舞台。你每办一笔业务，每接待一位客户，都是一次向别人展示自己的机会。你只要站在了柜台里面，那你所代表的就不是你一个人的形象，而是整个中国银行的形象。"

话虽这样说，可是银行一成不变的工作是相当枯燥的。每天不停地重复着"你好、再见、对不起"；每天数的都是别人的钞票，每天都告诉自己要说"茄子"，然后让它凝固在脸上。你只是一个被规章制度操纵的木偶，只会机械地按照"两站、三声、一双手"的要求来应付行里的检查。也许按照"规定"的要求，你可以做得很好。可是这样的服务客户们会满意吗？

正当我困惑的时候，我有幸碰到了一位来自广州的同事。那是一个下午，她进了营业厅的大门之后径直走到我的窗口前，亲切地说："小姐，你好！我在广州中行工作，这次是到扬州出差的，请你帮我取5000块钱好吗？"说完，她把长城卡和身份证递了过来。接过卡，核对了身份证上的照片，又确认卡号是员工卡后，我熟练地帮她取了5000块钱。当我办好业务，把现金、长城卡、身份证及回单双手递给她的时候，她很有礼貌地说声谢谢，然后给了我一个灿烂的微笑。那个微笑绝不是像我那样，是从嘴角挤出来的，而是发自心底的、最真挚的、足以溶化一切的微笑。虽然此时此刻是我在柜台里面为她服务，可是她的微笑却让我深深地感觉到，自己的服务能够换来这样的回报，也是一种享受。同样，如果调换一下角色，如果我在取钱的时候能享受到这样的服务，心里也会有说不出的舒畅。同样是中行的员工，我在她的身上看到了自己的不足，此后我试着以旁观者角度来审视自己。一天做得好，并不困难，困难的是一年365天，天天都要做得好。从此我变成了一个爱笑的女孩。上班笑，下班笑，见了老客户笑，碰到了新的客户也会发出会心的微笑。

当今银行业的竞争相当激烈，可是在业务品种、硬件设施上，各家都不相上下，那么要想获得更多高质量的客户，靠的就是服务了。春节前的一段时间，无疑是银行的旺季。每天的业务凭证都有厚厚的一大摞。可就算再忙，也不能乱。也是我在当下午班的时候，我刚刚接待完一位存50万元的女客户，正准备整理现金，一抬头却发现刚才一直在女客户旁边徘徊的男人，并没有离开。

"请问，您有什么事吗？"

"我也要存钱！"

我这才留意到他的手中还有一个厚厚的报纸包。这应该又是一大笔现金。

在接过现金的时候，对方告诉我是18万元。我细细地清点之后，发现其中的一捆中有一张假币。

在经过双人鉴定，确认为假币后，我对他说："对不起，先生，您的现金中有一张是假币。"

"怎么可能，我是刚从建行拿来的钱。给我看看，怎么个假法。"他听了我的话，显得很不高兴。

"先生，给你看是可以的，但按照规定，这张假币我们是要没收的。"我正要给他讲解人民币的防伪特征，他却一把抢过那张假钞，口口声声地说，"你不没收我就存钱，你要没收我就拿到建行去存。"碰到这样的问题，确实让我很为难，既不能让存款流失，又不能让这张假币继续在外流通。

第七章　职业的微笑：自觉地面带笑容，高雅姿态的笑

"这位先生，也许今天我没收了你的假钞，你觉得很吃亏。可是你想一想，如果我不没收你这张钱，这张假币势必会再在社会上流通，今天我拿它骗你，明天你又拿它骗我，结果你我就成了那些制假者的帮凶。它最终坑害是还是像你我一样的老百姓，他们背后里也要骂您缺德呀。您想，为了自己的一点私心，做了损人又不利己的事，于情于理您都说不过去吧。"从始至终，我一直面带着微笑，又设身处地地为他着想，终于他将那张假币退了回来，并在没收凭据上签了字。

我又笑着问他："那您这钱还存不存？"

"存，当然存！中行有这么会说话，又讲道理的职员，那我还有什么不放心的！"

我又笑了，笑得更加舒心，更加坦然。

我只是中国银行最普通的一员，我的微笑也只是中行大花园中最平凡的一朵小花。可是我把微笑当成了对客户最好的回馈。因为它可以克服一切阻碍，化解所有的尴尬。也正是因为中行有千千万万像你我一样，爱护中行形象，珍惜中行信誉的好职员，才能将中国银行这个金字招牌，擦拭得更加光彩奕奕。

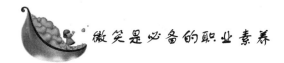

微笑是必备的职业素养

微笑是一种令人感觉愉快的面部表情，它可以缩短人与人之间的心理距离，为深入沟通与交往创造温馨和谐的气氛。

微笑是一种职业操守、职业素养，更是一种修养，一种气质，一种风度，一种力量。

微笑是职业人士最佳的工作状态。微笑不仅仅是一种表情，它还是我们对工作、对客户、对此刻人生看法最直接、最真实的反映。

工作、生活中离不开微笑，微笑表达了对自己工作的肯定与自信，表达了对他人的善意和爱。微笑也不是服务业的特权，它应该是每个职业人士工作时的常态。

有一次，一位知名培训师出差住在希尔顿酒店，酒店里一位普通的服务员给他留下了十分深刻的印象。

她是一位十分开朗的服务员，无论什么时候见到她，她的脸上都绽放着使人非常舒服的微笑。很多顾客都和她很熟悉，就像是老朋友一样。

一天，培训师到酒店附近的商店买东西，刚好她也在，培训师发现她当时的神色非常悲伤，和平时很阳光的感觉大不一样。

和她打招呼时，培训师看到她的左臂上系了一块黑纱，也就是说，她刚刚失去了一位亲人。但当她看到培训师的那一刹那，却奇迹般地又一次露出了那种使人感到温暖的微笑。

培训师问她："家里有人去世了吗？"

她回答说："是我的父亲，上个星期去世的……"

培训师很惊讶地说："平时怎么一点也看出来呢？"

她继续微笑着说："希尔顿酒店有一条规定：无论如何不能把我们的愁云摆在脸上！哪怕饭店本身遇到了很大的困难，希尔顿服务员脸上的微笑也永远是顾客的阳光。"

毫无疑问，亲人去世所带来的巨大悲痛是无法用语言形容的，但她只是将这种悲痛放在心里，放在独自一人的时候，而面对工作和顾客的时候，依然保持一如既往的微笑，做"顾客的阳光"。

从她身上，我们看到了一个优秀员工所具备的职业素养。在工作中，谁都难免有个人情绪不好的时候，这些情绪很多都可以理解，也值得安慰。但它毕竟只属于个人，作为一个职业人，我们没有理由将个人情绪转嫁到工作和客户身上。正因为有这样优秀的员工，希尔顿饭店才能遍布世界并受到众多顾客的喜爱。

"做顾客的阳光"，这样的理念并不仅仅适用于服务业，也适用于所有的单位和行业。如果能将工作中服务的每一个人都当成"顾客"，当成要给予温暖和阳光的人，那么即使最小的事也能做到最好。毫无疑问，这样的人，也是职场中最有发展的人。

对于现代人来说，微笑几乎已经是工作中必不可少的一部分。微笑对每一个人都有着无法取代的重要性。无论在生活还是工作中，微笑都闪耀着迷人的魅力，推动你更好地生活和工作。

第七章　职业的微笑：自觉地面带笑容，高雅姿态的笑

171

在工作和生活中，常把微笑挂在脸上，至少有以下几个方面的作用：

第一，表现心境良好。面露平和欢愉的微笑，说明心情愉快，充实满足，乐观向上，善待人生，这样的人才会产生吸引别人的魅力。

第二，表现充满自信。面带微笑，表明对自己的能力有充分的信心，以不卑不亢的态度与人交往，使人产生信任感，容易被别人真正地接受。

第三，表现真诚友善。微笑反映自己心底坦荡，善良友好，待人真心实意，而非虚情假意，使人在与其交往中自然放松，不知不觉地缩短了心理距离。

第四，表现乐业敬业。工作岗位上保持微笑，说明热爱本职工作，乐于恪尽职守。如在服务岗位，微笑更是可以创造一种和谐融洽的气氛，让服务对象倍感愉快和温暖。

微笑是一个优秀员工最基本的特质，试想一下，如果一个员工以冷冰冰的脸孔面对客户、面对自己的同事、面对自己的上司，这样的人有谁会喜欢他、接受他呢？这样的员工怎么会成为一个优秀员工呢？

微笑是一个人走向成功最有效的武器，经常把微笑挂在脸上，成功就在向你招手了。

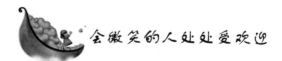

会微笑的人处处受欢迎

在职场中，一个人对你满面冰霜、横眉冷对。另一个人对你面带笑容、温暖如春，他们同时向你请教一个工作上的问题，你更欢迎哪一个？当然是后者，你会毫不犹豫地对他知无不言，言无不尽，问一答十；而对前者，恐怕就恰恰相反了。

一个人的面部表情亲切、温和、充满喜气，远比他穿着一套高档、华丽的衣服更吸引人注意，也更容易受人欢迎。

李宏是一家公司的经理，他几乎具备了成功男人应该具备的所有优点：他有明确的人生目标，有不断克服困难、超越自己和别人的毅力与信心；他大步流星、雷厉风行、办事干脆利索、从不拖沓；他的嗓音深沉圆润，讲话切中要害；而且，他总是显得雄心勃勃，富于朝气。他对于生活的认真与投入是有口皆碑的，而且，他对同事们也很真诚，讲求公平对待，与他深交的人都为拥有这样一个好朋友而自豪。

但初次见到他的人却对他少有好感。为什么呢？原来他几乎没有笑容。他深沉严峻的脸上永远是炯炯的目光、紧闭的嘴唇和紧咬的牙关。即便在轻松的社交场合也是如此。他在舞池中优美的舞姿几乎令所有的女士动心，但却很少有人同他跳舞。公司的女员工见了他更是畏如虎豹，男员工对他的支持与认同也不是很多。而事实上他只是缺少了一样东西——一副动人的、微笑的面孔。

没有人喜欢与整天皱着眉头、愁容满面的人打交道，更不会信任他们。

微笑是一种令人愉悦的表情，可帮助你建立良好的人际关系。

首先，它是拨开"陌生面纱"的法宝，即使是一位你叫不上名字的同事，微笑也能立即拉近你们的距离；其次，它是欢迎新同事最好的"见面礼"；另外，微笑还是"通行证"，可以让你在寻求帮助时顺利畅通；最后，微笑还是你的职场"标签"，人们一想到你，都会同时联想到你常挂在脸上的微笑——"啊，就是那个人，很有亲和力、常常微笑的那个人"，说这句话的时候，心灵的闸门已经向你敞开。

微笑是工作和生活的一部分，对人微笑是一种文明的表现，它显示出一种力量和涵养。一个刚刚学会保持微笑的员工说："自从我开始坚持对同事微笑之后，起初大家非常迷惑、惊异，后来就是欣喜、赞许，两个月来，我得到的快乐比过去一年中得到的满足感与成就感还要多。现在，我已养成了微笑的习惯，而且我发现人人都对我微笑，过去冷若冰霜的人，现在也热情友好起来。上周单位搞民主评议，我几乎获得了全票，这是我参加工作这么多年来从未有过的大喜事！"

培养微笑的习惯，要笑得灿烂、笑得真诚，表现出强有力的亲和力。

将微笑变成一种习惯，在与人打照面时温柔地微笑吧！营业厅里、办公室里、部门里、公司里、市场里，与你见面的所有的人，给他们微笑吧！你对他们的微笑，既是为你自己，也是为了他们，你对他们微笑时，他们也会对你报以微笑的。如此下去你会发现，大家会在相互的微笑中共同受益。

从今天开始，请改变一下你的表情，面对客户以及所有人时，与其谈话时，接电话时，请常常展现出亲切而热情的微笑，进而变成一种习惯吧！让我们在春天般微笑的氛围中，快乐工作每一天。

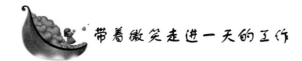

带着微笑走进一天的工作

"赠人玫瑰，手有余香"。微笑，就像工作中的玫瑰。如果微笑是一朵绽开的玫瑰，我们何不让千万朵玫瑰在工作中绽放呢？让我们带着微笑出门，带着微笑走进一天的工作。

刘鹃毕业于一所有名的师范学院中文系，走上工作岗位已经两年了。两年前，刘鹃在广州的一家报纸上看到一则招聘广告，正好是她感兴趣的广告设计公司。于是她抱着试试看的态度，按照招聘广告上的联系方式，向用人单位发了一封求职电子邮件，然后上网找到用人单位的网站，详细了解了该用人单位的信息。几天之后，刘鹃就接到了该广告设计公司的电话，要她在第二天下午到公司参加面试。

面试成功后，刘鹃成了这家广告公司的一名正式员工。工作后的一次偶然机会，刘鹃问总经理，在那么多参加应聘的求职者中，总经理为什么会选择她？

总经理的回答有些出乎刘鹃的意料："是你的微笑感染了我，通过微笑，我看到你有一种其他求职者不具备的自信。"

原来是这样，刘鹃起初还以为是自己的名牌大学学历和自认为

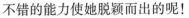

不错的能力使她脱颖而出的呢!

工作后，刘鹃总是尽最大努力保质保量地完成总经理交给她的任务，还常常加班加点地熟悉公司的业务。有一次，总经理让刘鹃拟一份广告词，由于刘鹃对专业已经非常了解，再加上她自身的"笔头"功底本来就有基础，所以，她只花一个晚上就完成了任务，还得到了领导的赞赏。

平时上班的时候，刘鹃总是一脸的微笑，无论是对上司还是对同事、客户，她都会向他们投去善意的笑容，很快她就同他们打得火热了。于是进入单位不到一个月，刘鹃就结束了试用期，又过了一段时间，她就被总经理任命为创意主管了。

从上述刘鹃的成功案例中，我们不难发现，在工作中，我们要学会微笑。微笑不仅能够展示自信，也向用人单位传递了一种积极的态度，善于微笑的求职者获取职业的机会总是比较多的。

所有的人都希望别人用微笑去迎接他，而不是横眉竖眼，因为这阻碍了心灵思想的交流。

当我们带着微笑上班的时候，互相笑脸相迎，笑语相问，胸中的压力与烦恼，抑郁与苦闷便在转眼间烟消云散。有了微笑，与同事就有了交流；有了微笑，才会促进人之间的相互爱护和团结；有了微笑，才会为顾客提供优质方便的服务。有笑声的单位，就是一个充满欢乐与和谐的场所与集体。

曾经听说过这样一个连锁反应：当一个人对他人投以微笑，会使人心情愉悦，其他的人也会将这种愉悦相互传递下去。在工作中，我们一定要将微笑传递给他人，相互之间营造一个和谐的工作环境。

经常有人会这样说："让我们带着微笑去生活吧!"既然生活与工作是密不可分的，那么不如把这份微笑带到我们的工作当中，让我们带着微笑去工作。每天让自己在工作的时候发自内心地笑几次，不但可以使工作变得更加轻松，也同样会给周围的人一个更加良好的印象。带着这份轻松的心情回家也同样会使你的家里人感觉到你的温暖。带着微笑去工作，也不仅仅是一句普通的祈使句，它的功效还在于使我们在工作中遇到问题能够冷静、沉着地去思考，去解决。

每个人都有不顺心的时候，也可能把烦恼带到工作中来，但如果意识到：让微笑成为工作的一部分，成为员工的一种职责，效果自然不同。

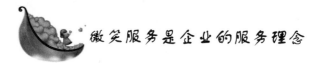

微笑服务是企业的服务理念

微笑服务是企业的服务理念之一，也是对员工素质的基本要求，全国许多行业都在提倡微笑服务。对于服务行业来说，至关重要的是微笑服务。

张先生有一次在某银行办理取款业务，银行职员机械地为他办着手续，面无表情，办好之后，把他的储蓄卡和现金不屑一顾地往柜台一丢就完事了。张先生只得一一把卡和现金从冰冷的柜台上拿起，心里别提有多不舒服了，取自己的钱还要看别人的脸色，心里着实窝火。几次这样的冷遇后，不到万不得已，张先生一般不到这家银行办理业务。

张先生在另一家银行办理业务时，感觉却不一样，轮到他时，银行的职员小姐会面带笑容："对不起，先生，让您久等了，请问您办什么业务？"

张先生说："取款。"

她就会接上一句："请稍等。"办好之后，她把卡和钱亲自交到张先生的手中，并说："这是您的东西，欢迎下次再来。"张先生感到心中暖洋洋的。心想，这种人性化的服务真是让人高兴，打定主意，以后的业务都到这里来办。

正所谓："诚招天下客，客从笑中来；笑脸增友谊，微笑出效益。"

俗话说"于细微处见精神"，在服务工作中，微笑是服务行业从业人员所必备的素质，服务人员面带微笑，客户就有了宾至如归的感觉。我们倡导微笑服务，就是要以微笑为纽带，提升服务质量，促进经济效益的发展。

有一位大爷提着一大袋零钱一脸难色地走进银行的大门，站在门边像在犹豫什么，李英见了马上站起来微笑着说："大爷，有什么要帮忙吗？"

看到微笑的工作人员，老大爷受到了鼓舞，走过去问："小妹妹，我家拆房子了，零钱整出一大堆，能帮帮忙换一下吗？"

"能！"李英爽快地应了下来。几位同事都过来帮忙，不到20分钟就把事情做好了。

老大爷拿着100多元钱，像中了大奖似的非常开心，逢人就说："别人都说这么碎的零钱现在没处换，在银行的门口，我看到了里面小姑娘的笑脸，进去试试，成了。这真是我们老百姓自己的银行啊。"

微笑服务，并不仅仅是一种表情的展示，更重要的是与被服务对象作感情上的沟通和交流。试想一下，如果一个服务人员只会一味地微笑，而对客户的要求一概不问，那么这种微笑又有什么用呢？因此，微笑服务，需要的是真诚的笑，那种把客户当亲人、当朋友的笑。

服务从微笑开始。有些时候，我们不能改变现状，但可以调整自己的心态，用一个真诚的微笑就足够了。只有具备良好的心态，爱岗敬业、忠于职守，才能表现出人们欣赏的微笑。

让我们在平凡的岗位上充分展示最具亲和力的微笑，提供时间最短但最暖人心的微笑服务，体现自我价值，带着愉快的心情上岗，把微笑传递四方！

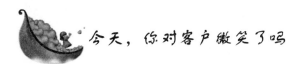

今天，你对客户微笑了吗

作为一线服务人员，必须永远坚持对客户保持微笑，因为面带微笑的人最容易受人欢迎。服务人员万万不可把心中的愁云摆在脸上，相反，服务人员要把发自内心的类似于婴儿般天真无邪的微笑展示给客户，使初次见面的人如沐春风，从而营造出一种良好的气

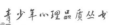

氛，使服务获得圆满成功。

美国著名的"旅馆大王"希尔顿所领导的希尔顿集团之所以能够称雄世界，独具特色的经营手段还在其次，它的秘诀就在于微笑服务。

当初希尔顿投资 5000 美元开办了他的第一家旅馆，资产在数年后迅速增值到几千万美元。此时希尔顿得意地向母亲讨教现在他该干什么，母亲告诉他："你现在去把握更有价值的东西，除了对顾客要诚实之外，还要有一种更行之有效的办法，一要简单，二要容易做到，三要不花钱，四要行之长久——那就是微笑。"

于是，希尔顿要求他的员工，不论如何辛苦，都必须对顾客保持微笑。

"你今天对顾客微笑了吗?"是希尔顿的座右铭。在五十多年中，希尔顿不停地周游世界，巡视各分店，每到一处同员工说得最多的就是这句话。

在美国经济萧条的 1930 年，旅馆业 80% 倒闭。在同样难免噩运的情况下，希尔顿还是信念坚定地飞赴各地，鼓舞员工振作起来，共渡难关。即便是借债度日，也要坚持"对顾客微笑"。在最困难的时期，他向员工郑重呼吁："万万不可把心中的愁云摆在脸上，无论遭到何种困难，'希尔顿'服务员脸上的微笑永远属于顾客!"

他的信条得到贯彻落实，"希尔顿"的服务人员始终以其永恒美好的微笑感动着客人。很快，希尔顿饭店就走出低谷，进入了经营的黄金时期，并添加了许多一流设备。当再一次巡视时，希尔顿问他的员工们："你们认为还需要添置什么?"员工们回答不上来。

希尔顿笑了："还要有一流的微笑!"他接着说："如果我是一个旅客，单有一流的设备，没有一流的服务，我宁愿弃之而去住那种虽然设施差一些，却处处可以见到微笑的旅馆。"

微笑不仅使希尔顿公司率先渡过难关，而且带来巨大的经济效益，发展到在世界五大洲拥有七十余家旅馆，资产总值达数十亿美元。

曾有一位哲人说过："微笑，它不花费什么，但却创造了许多成果。它丰富了那些接受的人，而又不使给予的人变得贫瘠。他在一刹那间产生，却给人留下永恒的记忆。"希尔顿凭靠的就是不花任何资本，轻松便可做到的微笑，如清风一缕吹开了顾客的心扉，从而

学会微笑常快乐

使全世界都知道了"希尔顿"，都记住了"希尔顿"那亲切的微笑。

希尔顿总结说："微笑是最简单、最省钱、最可行、也最容易做到的服务，更重要的是，微笑是成本最低、收益最高的投资。"因此，他要求他的员工不管多么辛苦、多么委屈，都要记住任何时候对任何客户，用心真诚地微笑。

没有人能轻易拒绝一个笑脸，因为笑是人类的本能，要人类将笑容从脸上抹去是件很困难的事情。由于人类具有这样的本能，微笑就成了两个人之间最短的距离，具有神奇的魔力。因此，服务人员想让客户接受自己，微笑就是最好的通行证。

客户绝不会拒绝服务人员真诚而富有感染力的微笑。愿我们每位服务人员在每一天下班的时候，也要问一问自己："今天，我对客户微笑了吗？"

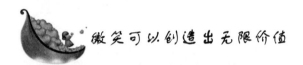

微笑可以创造出无限价值

微笑有价值吗？有！微笑无需成本，却可以创造出无限价值。微笑可以让得到它的人富裕，却并不会让奉献它的人变穷。你给别人送去多少微笑，别人就会回报你多少友情。

美国历史上第一个年薪百万美金的高级打工仔施瓦伯曾经说过，他的微笑已经值百万。因为施瓦格的人格、他的魅力、他善于讨人喜欢的能力，差不多完全是他的特殊成功的原因。而他人格中一种最可爱的因素，就是那令人倾心的微笑。

威廉·怀拉是美国一位销售寿险的顶尖高手，年收入高达百万美元，他成功的秘诀就在于拥有一张令客户无法抗拒的笑脸。这张迷人的笑脸并不是天生的，而是长期苦练出来的。

威廉原来是全美家喻户晓的职业棒球明星球员，到了40岁因体力日衰而被迫退休，之后他去应征保险公司销售员。

威廉以为凭自己的知名度理应被录取，没想到竟被拒绝了。人事经理对他说："保险公司销售员必须有一张迷人的笑脸，而你却

179

没有。"

听了经理的话，威廉没有气馁，他开始苦练笑脸，每天在家里放声大笑百次，邻居都以为他因失业而神经错乱了。为避免误解，他干脆躲在厕所里大笑。

经过了一段时间的练习，他去找经理，可经理说："还是不行。"

威廉不泄气，仍旧继续苦练，他搜集了许多公众人物迷人的笑脸照片，贴满屋子，以便随时观摩。隔了一阵子，他又去见经理，经理冷冷地说："好一点了，不过还是不够吸引人。"

威廉不认输，回去加紧练习。有一天，他散步时碰到社区的管理员，很自然地笑了笑，跟管理员打招呼，管理员对他说："怀拉先生，您看起来跟过去大不一样了。"这句话使威廉信心大增，他立刻又跑去见经理，经理说："有点味道了，不过仍然不是发自内心的笑。"

威廉不死心，又回去苦练了一段时间，终于悟出"发自内心如婴儿般天真无邪的笑容最迷人"，他终于练成了一张价值百万美元的笑脸。

但是，一定要记住，当你笑的时候，必须是发自内心的，是真诚的，否则矫揉造作的笑容只会破坏你原来坦然的形象。其实，世界上拥有价值百万笑容的不止威廉一个，同是推销员的日本人原一平的微笑也是一个著名的例子：

原一平是个矮个子，毫无气质与优势可言。在最初成为推销员的七个月里，他连一分钱的保险也没拉到，更谈不上拿到薪水了。为了节省开支，他只好上班不坐电车，中午不吃饭，晚上睡在公园的长凳上。但他依旧精神饱满，每天清晨五点起床从"家"徒步上班。一路上，他不断地微笑着向擦肩而过的行人打招呼。

一位绅士经常看到他这副快乐的样子，很受感染，便邀请他共进早餐。尽管他饿得要死，但还是委婉地拒绝了。当得知他是保险公司的推销员时，绅士便说："既然你不赏脸和我吃顿饭，我就投你的保好啦！"他终于签下了生命中的第一张保单。更令他惊喜的是，那位绅士是一家大酒店的老板，帮他介绍了不少业务。从此，原一平的命运彻底改变了。由于他的微笑总能感染顾客，他便成了日本历史上最为出色的保险推销员；而他的微笑，亦被评为"价值百万美元的微笑"。原一平的笑容是如此的神奇，在给顾客带来欢乐与温暖的同时，也给自己带来了巨额的财富和一世的英名。

英国的一位政治家说过："一个微笑，价值百万美元。"这个数字显然是虚拟的比喻，其真正的价值恐怕是难以用具体数字来估量的。

微笑不但能够保持外在的良好形象，而且也影响着自己和别人的情绪。真诚地微笑能调节体内的荷尔蒙，让人由内向外放射着愉悦的光彩。而笑容又能够影响他人，让他们像你一样产生愉悦的情绪。心理学家分析后认为，如果你对他人微笑，对方也会回报以友好的笑脸，但在这回报式的微笑背后，有一层更深的意义，那便是对方想用微笑告诉你，你让他体会到了幸福。而这是一个良性的传播快乐的过程。一些不懂得利用微笑价值的人，实在是很不幸的。要知道，微笑在交往中能发挥极大的效果，无论在家里，还是在办公室，甚至在途中遇见朋友，只要你不吝微笑，立刻就会显示出你优秀的一面来。

对于一个高情商者来说，微笑是不可缺少的。把笑容展示给别人，你得到的不仅是快乐，更多的是别人对你的认可。懂得微笑的人，他就拥有价值百万的无形财富。

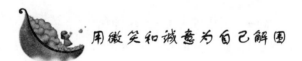

用微笑和诚意为自己解围

日常工作生活中，微笑能够消除成见，淡化隔阂，缩短人与人之间的距离。微笑能够给人带来快乐、愉悦，带来感动、温馨。

对我们从事客服工作的人来说，微笑显得尤为重要。微笑可以感染客户，使你与客户亲近了许多；微笑可以换来客户对你的满意和信任。当你面带微笑时，你哪怕在工作中有了一些不足或差错，客户也不会和你计较。有时你面对的客户，也许他正遇上心情不好、心中不快，这时你若是冷面冷语，言语偏激，那必然有一场在所难免的"冲突"，因为这时候你极有可能成为这位客户的"出气筒"。如果你面带微笑，轻声慢语，也许会给客户带来安慰，你的微笑、热情，一定会让客户的不高兴"云消雾散"。

在杂志上曾读到这样一个故事：

飞机起飞前，一位乘客请求空姐给他倒一杯水吃药。空姐很有礼貌地说："先生，为了您的安全，请稍等片刻，等飞机进入平稳飞行状态后，我会立刻把水给您送过来，好吗？"

15分钟后，飞机早已进入了平稳飞行状态。突然，乘客服务铃急促地响了起来，空姐猛然意识到：糟了，由于太忙，自己忘记给那位乘客倒水了！当空姐来到客舱，看见按响服务铃的果然是刚才那位乘客。她小心翼翼地把水送到那位乘客跟前，面带微笑地说："先生，实在对不起，由于我的疏忽，延误了您吃药的时间，我感到非常抱歉。"

这位乘客抬起左手，指着手表说道："怎么回事，有你这样服务的吗？"

空姐手里端着水，心里感到很委屈，但是，无论她怎么解释，这位挑剔的乘客都不肯原谅她的疏忽。

接下来的飞行途中，为了补偿自己的过失，每次去客舱给乘客服务时，空姐都会特意走到那位乘客面前，面带微笑地询问他是否需要水，或者别的什么帮助。然而，那位乘客余怒未消，摆出一副不合作的样子，并不理会空姐。

临到目的地前，那位乘客要求空姐把留言本给他送过去，很显然，他要投诉这名空姐。此时空姐心里虽然很委屈，但是仍然不失职业道德，显得非常有礼貌，而且面带微笑地说道："先生，请允许我再次向您表示真诚的歉意，无论您提出什么意见，我都将欣然接受您的批评！"那位乘客想说什么，可是却没有开口，他接过留言本，开始在本子上写了起来。

等到飞机安全降落，所有的乘客陆续离开后，空姐本以为这下完了，没想到，等她打开留言本，却惊奇地发现，那位乘客在本子上写下的并不是投诉信，相反，这是一封热情洋溢的表扬信。

是什么使得这位挑剔的乘客最终放弃了投诉呢？在信中，空姐读到这样一句话："在整个过程中，你表现出的真诚的歉意，特别是你的12次微笑，深深打动了我，使我最终决定将投诉信写成表扬信！你的

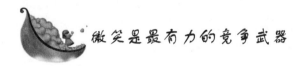

服务质量很高，下次如果有机会，我还将乘坐你们的这趟航班！"

案例中的空姐面对乘客的抱怨和不满时，没有显示出不愉快的脸色，而是用微笑和诚意化解了这场危机。这是值得我们每个人学习的，要赢得消费者，就要懂得微笑。

客服人员不管面对的是客户的责难还是表扬，都要以诚为先，微笑相对，这样才能赢得客户的心。

微笑是世界上最美丽的花朵，它有无穷的魅力，任何不满在它面前都会被软化。所以，当你想取得别人的谅解时，不妨带上微笑，如果一次微笑不见成效，就来第二次。要把微笑当成一种习惯，这种习惯会使你受用无穷。

微笑是最有力的竞争武器

一个微笑只需要一瞬间，但却可以为你换回巨大的收益，可以说，微笑是工作中，提高个人竞争力最廉价的资源、最有力的武器。

第二十九届奥运会在北京召开期间，争金夺银的赛场风云无疑是最大的亮点，但北京奥运会志愿者的"微笑承诺"同样是国内外媒体记者关注的焦点。志愿者们以自己最优质的服务和最真诚的微笑打动了世人，他们不仅是在传播奥林匹克精神，也是在展示中国人的风采，同时也展示着新时代中国人的精神风貌。他们被世界媒体誉为"大家的微笑、北京的微笑、世界的微笑"。

在企业的管理与竞争中，须在强化自身硬件质量的基础上，努力提高竞争软实力，无论是员工服务，还是客户公关，都应该遵循"服务至上，客户至尊"的服务态度，而微笑正是热情的最基本要求和最直接的表现，也是提升软实力的最有效的方式。虽然它唾手可得，但却是最节省财力、物力的廉价资源。"人非草木，孰能无情"，只要你微笑相迎、笑脸相送每一位客户，不仅会让客户满意，也能有效增强员工之间、员工与上司之间的亲密度，提高工作积极性，最终实现企业内部高度团结，客户群体极度满意。

第七章　职业的微笑：自觉地面带笑容，高雅姿态的笑洛克菲勒曾经说过:"做生意最大的成功之处不在于赚多少钱,而在于为他人提供多少服务。"真正成功的企业永远是将顾客奉为第一,他们会为顾客送上最真诚的祝福和最甜美的微笑。

乔·吉拉德是一位伟大的推销员,他曾在 15 年的时间内销售了13000 余辆汽车,并在其中一年中销售汽车 1425 辆(平均每天 4辆),这个记录已被《吉尼斯世界大全》收录,为什么吉拉德会成为如此成功的销售者呢?关键在于他的热情与微笑。

曾经有一位中年女性一边闲逛一边走进吉拉德的展销厅,只想随便看看打发一下时间,但吉拉德并没有因此冷落这位女顾客,他同样热情地进行讲解和招待,脸上始终洋溢着真诚的笑容。闲谈中,女顾客告诉吉拉德自己很喜欢白色的福特车,因为她表姐就拥有一辆同样的轿车,但当她走进福特车的销售大厅时却遭到了推销员的冷落,于是她决定先到这里来看一看。这位女顾客还说:"今天是我55 岁的生日,我本想买一辆福特车作为自己的生日礼物,看样子今天实现不了了。"

"生日快乐!夫人。"吉拉德边说边请这位女士随便看一看,边叫过助手悄悄交代了一下,然后转身带着女顾客走到几辆白色的轿车面前道:"夫人,您不妨看一看我们这几款双门式轿车,它们也是白色的!"当女顾客正在端详轿车时,吉拉德的助手捧着一束玫瑰花走了进来,吉拉德接过花束,微笑着递到女顾客手中:"祝您生日快乐,尊敬的夫人!"这位女顾客显然很受感动,双眼渐渐湿润,"谢谢您,我已经很久没有收到礼物了,其实刚才我本想去买一辆福特轿车,但福特车的推销员看我开了一部旧车,以为我根本买不起新车,刚进展销大厅我就被推销员借故挡在门外,说是一个小时后才能继续营业,于是我就来这里等他了。其实我并不是非福特车不买,我只是喜欢白色的轿车而已,只不过我表姐的车是福特车,我才想先看一看福特的。现在想一想不买福特也可以。"

最终,这位女士在吉拉德的店里买走了一辆白色雪佛莱,并一次性付清了全款。当这位女士开走新车时,很开心地告诉吉拉德:"你的微笑很淳朴,让我感到很温暖,因为你的微笑我才决定购买你的车!"其实,从头至尾,吉拉德并没有劝说女顾客放弃购买福特车，也并没有强调雪佛莱的优越性能，他只是对顾客微笑，注重以真情实感感动顾客。

乔·吉拉德如果对这位妇女毫不重视，认为她根本不可能买得起如此昂贵的东西，那样就大错特错了。无论是谁，你都应该诚恳地对待，很多时候，一个简单的微笑就会让所有难题有所改观，以微笑提升自身竞争力可以为你带来意想不到的收获。

沟通是人们相互了解的纽带，是探悉对方心灵的钥匙，在与客户的沟通过程中，只有敞开心扉，用真诚的心去面对他人，才能获得他人的信任与真情回报，从而增进双方友谊，促进双方交流，达到了解对方内心，促成最终合作的目的。而微笑服务正是促进沟通的法宝，它看似简单，无需任何成本，但正是这样一个平凡的表情可以让你赢得对方的青睐，这就是提升自身软实力最简单却最有效的方法。试想，当一个人面对你的微笑时，还如何好意思对你蛮横无理？当然更不会为了一些不必要的因素而失去一个值得信赖，让自己满意的的"客户"。

微笑是提高个人竞争力最有力的武器，热情与微笑可以有效提升对方的满意度，同时也会确立自我的公信度与好评度。若对每一位顾客都不冷不热、哭丧着脸，不仅会为自己的工作造成隐患和不稳定因素，还会在舆论上产生负面效应，调查显示，如果一个客户出现不满意情绪，他会将自己的不满传递给 10 个人，而其中的五分之一还会将此传递给 20 个人，如此类推，你将会失去成百上千的新客户。可见，只是一个简单的微笑，无需太多代价，你将会换来丰硕的果实。

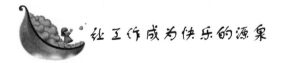

让工作成为快乐的源泉

很多人一提到上班就会出现不悦的心理，因为他们觉得工作是为了维持生计而不得不做的苦活，如果条件允许的话，很多人都会放弃工作的机会而做一个全职太太或是家庭煮夫。为什么会有越来越多的人排斥工作呢？这是因为他们简单地将工作视为一种体力活，认为工作是乏味无趣的，更是繁忙操劳的。实际上，工作不仅仅是一种谋生的手段，更是一种享受生活的载体。每个人的一生都会在学习、工作、生活中度过，也就是说工作会占据大多数人一生三分之一的时间，如果对工作的认识只是消极方面，那么你的工作就会折射出一种无奈、痛苦的生活状态。

调查显示，在企业中一般都会存在三种人群：积极进取型、得过且过型和满腹牢骚型，其中后两者所占的比例极大，而又以得过且过型员工最为普遍。得过且过型员工通常工作不求上进，按时上下班，工作上不求无功，但求无过，此类员工比较麻木，缺乏工作热情，成功时没有胜利的喜悦，失败时也不会扪心自责，只会自我安慰，这样的员工永远都不会看到工作的乐趣；满腹牢骚型员工往往是企业的定时炸弹，他们在上班时间垂头丧气，永远都是悲观的，对上司他们可以虚伪的敷衍，但转身就是一通抱怨，不管什么样的机遇降临，他们总觉得自己是不如意的，这样的员工永远都不会成功，他们面对的只是无限的阴暗。

企业中最有前途、最有作为的就是积极进取型员工，他们总是充满活力，面带微笑，似乎任何压力和负面情绪都不会影响到他们。他们总会用积极的心态去迎接繁杂的工作，也总是会面带微笑地接待客户，只有这样的员工才能让眼前的工作成为快乐的源泉。

积极进取型员工往往能化压力为动力，以微笑驱散忧郁，这种心态与能力是一种无形的竞争力，它可以使人脱颖而出。因为所有人都喜欢快乐，所有人都喜欢和快乐的人打交道，每一位老板也希望手下是积极乐观、永不言败的人。

改变低颓的工作现状，让工作成为快乐的源泉是每一位上班族应该深度思考和实践的问题，虽然部分人也在尝试着开启心中的快乐大门，但往往不能彻底实现。其实，工作中不乏快乐的事，只要留心观察，细心寻找，你会发现快乐就在你身边。

张筠怡博士在巴黎参加研讨会时曾遇到这样一位服务员，这位法国服务员已经年过半百，但就是他这样一位普通的员工让张博士领悟到工作亦是快乐源泉的道理。

张筠怡博士对法国并不熟悉，她所下榻的旅店也不是召开研讨会的地点，为了寻求最短的路线她不得不求助于旅店的服务人员。服务员是一位老先生，他脸上始终洋溢着灿烂的笑容，这位服务员摊开地图很详细地为张博士标注了路径指示，并亲自带她到旅店前的路上比对方向，这种温暖动人的服务让张博士十分满意。当张博士道谢时，这位服务员很有礼貌地回应道："不客气，小姐，祝您一路顺风，我相信研讨会所在的饭店服务也会很周到，因为那里的服务员是我的徒弟！"

张博士很吃惊："没想到您还有徒弟？"

服务员脸上再次绽开慈祥的笑容，"二十多年了，我虽然是一名普通的服务员，但在这二十多年中，我已经教出无数个徒弟了，每一个徒弟都非常棒。"这位老先生说到此处言语中流露出无限的自豪，他接着说："我觉得，作为一名服务员，我们能在顾客的生命中发挥重要的作用是一件十分令人激动的事，我们可以帮助每一位来巴黎观光旅游的人度过一段美好的时光，这难道不是很令人开心的事吗？每当我想到自己的工作如此有意义，我就会将所有不快抛之脑后，我把工作看做是我寻找快乐的源泉。"

快乐的动力源自心底，而并非受到外在条件的影响而生，如何才能让快乐自心而生，让工作变的快乐呢？首先应学会"找乐子"，快乐不会自己叩响你的心门，它需要你用心去寻找。"我终于完成了上司交给我的任务，没有什么比这更让人舒心了"、"一天的工作虽然辛苦，但付出总有回报，我又赚了一天的工资！"、"今天我与客户签了个大单子"、"今天上司表扬了我"、"我今天只用了 1 个小时就完成了以前需要一个工作日才能解决的难题，这真是个不小的提高"、"今天老板同意给我加工资了"、"今天的表现让一位顾客很满意"……其实工作中不乏快乐的因子，只要认真去发现就能让自己的工作充满笑声。

工作可能占据了大多数人三分之一的时间，它是你接触外界最广泛的时段，因此，也会有更多的细节可以让你为之开心，你所做的每一件有意义的事都可以为你带来愉悦感，所以，你在工作中能否快乐，关键看你如何定义自己的工作。如果一个人认为工作就是换取金钱的手段，那你定会觉得上班枯燥乏味，你也会因此成为工作和金钱的奴隶；而如果一个人将工作看成是不断学习提高的机会、不断结识新朋友的平台、不断服务社会的媒介，你自然会兴致勃勃地加入上班大军，面带微笑、怀揣梦想、精力充沛地奋斗。

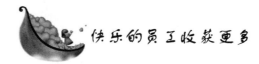

快乐的员工收获更多

可能你是一位辛辛苦苦工作了多年的老员工，为企业做出了巨大的贡献，但最终却没有得到升迁，现在却因一两次的小失误面临着被"炒鱿鱼"的危机……这时你需要做的不是抱怨与悲伤，而是应该让自己快乐起来，心平气和地挽回损失，微笑着面对危机，因为快乐的员工可以赢得更大的收获。

工作中，无论你会不会出现上述的情况都应该具备快乐的品质，同样一项工作，如果你快乐地接受，愉快地去实施，那么你会成为快乐的发射源，公司上下都会被你感染，你获得的不仅是工作的顺利完成，还会赢得同事的赞誉、老板的赏识；但如果你带着抱怨去做，心情抑郁，毫无斗志，那么所有人都会看在眼里，虽然嘴上不说，但已经给别人留下了不满的印象了，难道你还希望以此换取大家的同情么？

快乐是一种积极的工作和生活态度，学会微笑，懂得让自己快乐，才能提高成功率，从而直接或间接地为你换取丰厚的回报。

两位年纪很大的老木工都快要到退休的年纪了，尽管工厂的老板希望以提高工资的条件留下两位继续工作，但他们还是决定退休，因为生活上没有了这笔钱，也能过得下去，而且他们也都希望与妻子、孩子共同享受一下悠闲自在的生活。一天，工厂的老板将两位老木工叫到办公室，告诉他们工厂失去这样两位灵巧的木工是一个巨大的损失，所以，在退休之前，工厂希望他们能在海边一处空地上修建两栋具有个人风格的木屋。

两位老木工很快便行动起来，其中一位木工非常乐观，他从年轻到退休始终都面带微笑，人们都很喜欢与他交往，这次老板交给他的任务，他也欣然接受，人们问起时他总会高兴地回答："老板很赏识我，我要建一座全镇最漂亮、最耐用的屋子献给他！"

另一位木工则有些心胸狭窄，他经常会为一些小事闷闷不乐，这次接受了老板的任务后，他心中很是不快，逢人便说老板的坏话，他认为老板是一个老财迷，不榨尽员工最后一滴油水誓不罢休，他已经想好了对付老板的方法，反正马上就要退休了，干脆这次省些力气，用最次的材料简单搭建一个木屋应付应付就行。

两位木工的屋子在同一天完工了，老板里里外外地检查了一下两人的杰作，然后将大门的钥匙分别交给二人说："这其实就是我送给你们的退休礼物，每个人建造的房屋都凝聚了他一生的心血，我希望你们在各自建造的房屋中能安享晚年！"乐观的木工很欣慰地欣赏着自己的杰作，而心胸狭窄的木工却拿着大门钥匙久久不能平静，因为他知道一场海风之后他的房子会被吹的七零八落。

可见，快乐的员工会收获很多意想不到的惊喜。快乐可以为员工换回自信，让他们笑对挫折，勇往直前；快乐可以为员工赢得幸福，使他们可以在客户的认可，同事的拥护中工作；快乐也可以由情商资源转化为经济利益，成功就有收获，杰出必有回报；快乐还可以为你的健康保驾护航，活到老笑到老，烦恼无病根除。清代著名画家高桐轩就曾指出人必须自得其乐，并将快乐归纳为：耕耘之乐、把帚之乐、教子之乐、知足之乐、安居之乐、畅谈之乐、漫步之乐、沐浴之乐、高卧之乐、暴背之乐。这"十乐"不仅包括了在动手上取乐，也包含了精神生活的取乐，只要能始终保持内心的快乐，就能颐养天年。

郑伯是一个很豁达的老头。如今退休了，生活反而变得更加有乐趣了。每天都会跑到公园锻炼身体，打打太极、钓钓鱼，要不就是和一些老头老太太一起吹拉弹唱，好不快活，郑伯整天都是笑呵呵的，从来没有见过他因为什么事生气或者难过。

其实，郑伯年轻的时候没少遭受磨难。因为家里穷，很小的时候，郑伯就随哥哥到异乡去打工，在一家小餐馆里工作。餐馆的工作很辛苦，每天都要忙活十几个小时，而且还会经常遭受老板的责骂，甚至当着所有员工的面奚落他："不想干就趁早滚，我不差你这么一个人。"郑伯只能把委屈放在肚子里，不去申辩。幸好他的性格比较开朗，很快就会使自己走出低落的情绪，当老板看到郑伯原来是这样一位乐观、吃苦耐劳的员工后，逐渐改变了自己的认识，并渐渐开始重用郑伯，待遇也随之越来越高了。

后来郑伯进入了一家工场当配送工，攒了一些钱，娶了媳妇，这个媳妇起初很刁蛮，什么也不做，整天把郑伯指使来使唤去的，郑伯也不说什么，反正活总得有人做，他也不生气，笑着就去做了。后来媳妇被他的憨厚所感动，改变了对他的态度，也变得勤快起来。两口子日子过得很舒心。

郑伯说，如今儿女也都长大了，自己的任务也算完成了，每天轻轻松松地想做什么就做什么，没有必要去自寻烦恼。说也奇怪，郑伯一辈子虽然没少受苦，但是却从来没有生过什么病，身体健康得很。问及原因，郑伯笑呵呵地说："乐观开朗的性格是治病的最好良药，凡事想开了，不去计较，笑一笑也就过去了，内心也不会不舒服，心情通畅也就不会得什么病了。"

有时候，看似吃亏受气的事，只要坦然面对，乐观看待，释然的笑一笑就会将烦恼驱散，而日后因此出现的转机则往往会令你大吃一惊。可以说，快乐是一种"每临大事有静气"的睿智；是一种"千磨万击还坚韧，任尔东西南北风"的执著；同时也会是一种"众里寻他千百度，蓦然回首，那人却在灯火阑珊处"的惊喜。做一名快乐的员工，你获得的是智慧、赞赏和希望。

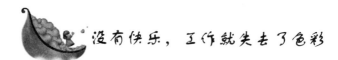

没有快乐，工作就失去了色彩

当有人问起你"什么才是工作中最重要的"时，很多人会毫不犹豫地回答"钱"，也有人选择"受肯定"等，这些人其实是忽视了藏在心底深处的声音，那就是快乐。快乐是每个人都想追求的梦想，没有了快乐，工作就失去了色彩。但快乐并不像财富一样可以凭借自己的头脑与辛勤付出赚得，它只是一种感觉、一种心态，法国作家罗曼·罗兰曾指出："一个人快乐与否，决不依据他获得了或是丧失了什么，而只能在于自身感觉怎样。"那么如何才能让自己永远快乐，随时表现出自己的好心情呢？

一位心理医生在为一位高级白领女性诊治时劝她在平时的工作中最好不要太劳累，应适时调整一下，注意休息。但却被这位白领生气地拒绝了："每天我都会有做不完的工作，加班加点我已经习以为常，每天下班回家我都要背一个非常重的公文包，包里装满了公司的文件，我常常都会工作到深夜。"

心理医生很吃惊："为什么你每天晚上还要将公司的文件带回家呢？"

"因为这些文件老板催的很急，如果整理不完第二天的谈判与工作就没法进行。"白领很无奈地说。

"难道你没有助手么？你可以让他帮助你处理这些文件啊！"医生很不解地说。

"这些文件都比较重要，虽然助手也能干的很好，但我依然不放心，只有自己亲自批阅才行，否则公司要我这个主管干吗呢？"

医生听完想了想，然后为这位女白领开了一个"处方"："小姐，这样好了，我已经为您开好了一个处方，只要你愿意照着处方上的方法去做，相信您可以找回自己的快乐，让自己拥有好心情。"

女白领接过处方一看，上面写着"每天坚持散步一小时、每周要抽出半天的时间到基地待一会儿"。

白领看完很生气，难道医生是在捉弄自己？为什么每周都要去墓地待一会。医生缓缓地说："你一定很疑惑为什么要让你到墓地去，其实我只是想让你到那里散散心，同时也看一看那些已经离开世间的人的墓碑。他们活在世间的时候大都和你一样，他们都想把世界上所有的事情扛在自己的肩上，但他们现在都沉睡在地下，而地球依然在转动，并不会因为某个人的逝去而停止。所以，世界并不是你自己的，你没有必要将所有事都揽在自己身上，放松一下自己，把空间留给更多人，给别人提供一个展示自我的舞台。"

这位白领听完医生的讲述，觉得很有道理，她从此开始反省自

191

己的生活。从此以后，她按照医生的指示，适当放慢生活的节奏，并尝试着让助手帮自己审阅、批改部分文件，她发现其实助手也是一个能干的女孩，她也懂得了生命真正的意义并不是给自己施压，让自己焦躁不安，而是用平和的心态去面对生活，用快乐的信念感染生活。只要随时都表现出自己的好心情，那么将会营造一个快乐祥和的工作氛围。

作为一名企业的员工，每天不停地工作，甚至是两耳不闻窗外事，埋头只干分内事是一种看似积极、吃苦耐劳的职业品质，但实际上并非可以因此换取企业的发展和个人的提升。故事中的女白领就是个典型的例子，她有很强的工作责任感，她希望将所有的活都干得很完美，却不想让其他人插手，不信任其他人的能力，只有自己亲自工作才能放心。这样的员工有些个人主义，虽然他们有能力、有魄力，但他们的身心会很疲惫，久而久之也会对他们的工作和生活起到负面作用。一个人当然应该有较强的工作责任感，应努力做好自己的本职工作，但若希望独揽世间所有大事是很不现实的。你只是一个普通人，只需承担起属于自己的责任，为自己留下一个私人的空间和时间，适度的娱乐和休息可以让你懂得生活，同时也可有效提高你的办事效率，正所谓磨刀不误砍柴工。

快乐的员工要学会随时表现出自己的好心情，就要努力驱散心头的压力，打开快乐之源，带着微笑去工作，这样你换来的不仅是身心的愉悦、工作效率的提高，还能让自己成为一个懂得享受生活、懂得驾驭工作的人。

现实生活中，很多因素会剥夺我们享受快乐的权利，如多数上班族都成了工作的奴隶，为了工作而奔忙，因为奔忙而烦躁，这就形成了一种恶性循环。所以，一个成功的员工必须要学会自我减压、自我调试，让自己始终留有一个好心情，做一个会调剂工作、让工作充满乐趣的人；做一个会驾驭工作，让工作为自己服务的人；做一个会享受工作，让工作为自己带来快乐的人。

第八章 友善的微笑：亲近和善、友好、宽恕的笑

　　一个淡淡的微笑，会给人一种清风掠过的清爽；一个会心的微笑，会让人心中开出一朵美丽而温暖的花朵；一个人经常友好地对别人微笑，会铸就不平凡的人性！

微笑是传播友善的一种表情

微笑是传播友善的一种表情。父母亲脸上洋溢的微笑暗示着一种关爱，我们伴随着这种关爱逐渐地长大；老师们的微笑往往暗示着赞许和鼓励，成绩的取得是每个学生对老师辛勤教育最好的回报，这种回报换来了老师脸上那些欣慰的笑；领导的微笑暗示着平易近人，是促进与下属沟通的催化剂，也是下属放松心情，努力工作的原动力；同事的微笑暗示着平等、热情和团结，彼此之间的微微一笑是集体凝聚力的固化剂；朋友的微笑暗示着友谊，胜利者的微笑暗示着自信，而失败者的微笑却暗示着永不言败，这种微笑胜于胜利者的开怀大笑。微笑还暗示着……我们都读懂了吗？

一个淡淡的微笑，会给人一种清风掠过的清爽；一个会心的微笑，会让人心中开出一朵美丽而温暖的花朵；一个人经常友好地对别人微笑，会铸就不平凡的人性！

当你的嘴角浮现一个美好的弧度时，你是否会感觉世界因你而增添了一点光明，你的心中是否也会荡漾起一层层温馨的涟漪？是啊，每个人都希望在自己的生活或工作不如意的时候，能见到一张微笑友好的面孔。

微笑，也许是人类表情中最简单的一个，但却是人类表情中最有力量的一个。可为什么有人很吝啬它，从不让它在自己脸上浮现。

当微笑在我们脸上出现时，我们会发现，周围会有更多的笑容向我们绽放。每个人最美的时候是什么时候？那是在我们的嘴角上挑之时浮现在嘴边的一丝微笑！

现在的社会，竞争愈来愈激烈，生活节奏越来越快，人们只顾忙乎自己的事，已经很少关心别人了。这种情况下人们的内心深处更需要他人的理解和关怀。此时，给他们一声真诚的问候和关心，即满足了他们情感的空缺，也会有一份真情回报于你！

194

为什么小小的微笑在人际交往中有如此大的力量？原因在于这

微笑背后所传达的信息："你很受欢迎，我欣赏你，你使我快乐，我很高兴认识你!"

一位诗人说："我最喜欢的花是开在别人脸上的那一朵。"

中国有句古话："人不会笑莫开店。"外国人说得更直接："微笑亲近财富，没有微笑，财富将远离你。"一位商人如此赞叹："微笑不用花钱，却永远价值连城。"

微笑是盛开在别人脸上的花朵，是一个人能够献给每一个人的爱的礼物。当我们把这种礼物奉献给别人的时候，我们就能赢得友谊，还赢得其他许许多多的财富。

对我们每一个人来说，微笑轻而易举，却能照亮所有看到它的人，微笑像穿过乌云的太阳，带给人们温暖和甜蜜。让我们尽情地展露我们的微笑吧，带着微笑面对我们的生活和工作，面对我们自己周围的每一个人。

每天早晨上班前对自己的家人微笑告别，他们就会在幸福中盼着你的平安归来。我们每天上学时向守门的老伯伯微笑并问声早安，他会友善地还你一个友好和欣赏的微笑。每一天早晨我们主动与同学微笑并打个招呼，我们在学校的人气还会急升哦!

每当一个柔柔微笑在你脸上荡漾开来，你就使人类幸福总值加了1分，而这美好的光芒也会回照到你身上，给你带来了快乐和美好的回忆! 微笑有这么多的好处，何乐而不为呢!

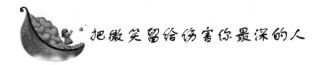

把微笑留给伤害你最深的人

"把微笑留给伤害你最深的人"，这是我无意中看到的一句话，看过就深深的记下了。这是多么坚强而洒脱的人生。这其中要经历多少爱与恨的情感交织。男女之间从见面心跳到两情相悦再到彼此间出神入化的心灵呼唤，也许要走很长一段路程，而从一切不设防，连心带身都本真的呈现给对方，再到万般柔情都化为一声千肠百结的叹息，也许只需短暂的一瞬。

195

当昔日的真爱已不存在，当情感的繁花已被冬雨打得残红飘零时，人们总是习惯于久久的停息在爱情的树枝上低吟浅唱，不是心里仍眷恋那份柔情，祈求伤害自己的人回心转意，就是也下决心以同样的方式实行报复。但这都是不明智不潇洒不可取的，最恰当的方式就是微笑着向她道声珍重。

把微笑留给负于我们的人，把泪水留给自己，把祝福给有负于我们的人，把痛苦留给自己，没有较高的文化素养，没有对情感细微的洞察，没有对所爱之人发自内心的挚爱，谁能做到微笑告别？把微笑留给一般朋友已不易，留给有负我们的人更是难上加难，因为最伤害我们的人可能是我们最深爱的人，付出的越多，被伤害时心里越痛，然而我们不得不微笑，感情是个很复杂的事，我们不能勉强他人。相爱的理由有千条，不爱在这千条理由里可能连一条也站不住脚，这其中的奥秘谁能说得清？爱情无解，爱情无常，我们可以牺牲爱情，却不能牺牲人格和自尊，那是人活着的首要意义。

以伤害来对付伤害固然是一种解恨的办法，但伤害的结果只能更加坚定你爱的人离去的决心。爱是把双刃剑，一侧对着对方时，一侧已直指自己。一时的宣泄虽痛快，一世的悲怆更难耐，暂时的内心平衡只能更加重自身的遍体鳞伤，何苦扰了别人，又伤了自己？还是把微笑留给伤害你的人吧！

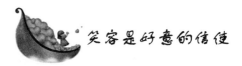

笑容是好意的信使

快乐生命的形成，并不需要什么。完全在你自己身上，在你的思想里。有好的心情才会有好的未来，汤姆已经结婚18年多了，在这段时间里，从早上起来，到他要上班的时候，他很少对自己的太太微笑，或对她说上几句话。汤姆觉得自己是百老汇心情最差的人。

后来，在汤姆参加的继续教育培训班中，他被要求准备以微笑的经验发表一段谈话，他就决定亲自试一个星期看看。

现在，汤姆要去上班的时候，他记住要让自己的心情好起来，

他就会强迫自己改变过去的形象，显得心情很好的样子对大楼的电梯管理员微笑着说一声"早安"。他以微笑跟大楼门口的警卫打招呼。他也对地铁的检票小姐微笑；当他站在交易所时，他甚至对那些以前从没有见过自己微笑的人微笑。

汤姆很快就发现，每一个人也对他报以微笑。他以一种愉悦的心情，来对待那些满肚子牢骚的人。他一面听着他们的牢骚，一面微笑着，于是问题就容易解决了。汤姆发现微笑带给自己更多的收入，每天都带来更多的钞票，而且自己感觉越来越愉快，每一天都让人很快乐，生活充满了幸福感。

汤姆跟另一位经纪人合用一间办公室，对方是个很讨人喜欢的年轻人。汤姆告诉那位年轻人最近自己在心情方面的体会和收获，并声称自己很为所得到的结果而高兴。那位年轻人承认说："当我最初跟您共用办公室的时候，我认为您是一个非常闷闷不乐的，心情总是很糟糕的人。直到最近，我才改变看法：当您微笑的时候，充满了慈祥。"

是的，我们的心情会改变我们的形象，有了好的心情，我们就会多一点笑容，而我们的笑容就是我们好意的信使。我们的笑容能照亮所有看到它的人。对那些整天都看到皱眉头、愁容满面、视若无睹的人来说，我们的笑容就像穿过乌云的太阳。尤其对那些受到上司、客户、老师、父母或子女的压力的人，一个笑容能帮助他们了解一切都是有希望的，也就是世界是有欢乐的。而同时，因为我们的付出，因为我们的好心情为我们赢得了事业、尊重、友谊、爱情，甚至于我们的未来。

第八章 友善的微笑：亲近和善、友好、宽恕的笑

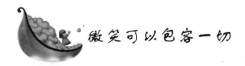

微笑可以包容一切

微笑面对生活的人总是收获喜悦。民间流传下来的俗语，无一不是最好的诠释。"笑一笑，十年少"，笑可以延年益寿；"人无笑脸莫开店"，笑可以抢占商机；"回眸一笑百媚生"，笑可以展示魅

力;"相逢一笑泯恩仇",笑还可以化干戈为玉帛……达·芬奇的杰作《蒙娜丽莎》是文艺复兴时期最杰出的画作之一,这幅肖像最重要的特征是蒙娜丽莎的微笑。有人称其为"谜一般的微笑"、"神秘的微笑";有人说她是"魅惑的微笑"、"邪气的微笑"。作者之所以要画蒙娜丽莎的微笑,是因为要与基督教禁欲主义决裂,通过妇女脸上的微笑,来表现新时代新人的自信和乐观,反映新人对未来、对真善美的渴望。

微笑是自信的象征,礼貌的表现,和睦相处的反映,心理健康的标志。正如文学大师笔下所写:它不花费什么成本,但创造了很多成果;它丰盛了那些接受的人,而又不会使那些给予的人贫瘠;它在一刹那间发生,却会给人永远的记忆;没有人富得不需要它,也没有人穷得不拥有它;但笑却无处可买,无处可求,无处可偷。

发自内心的微笑,最出彩、最迷人。因为它是情不自禁的,是思想和感情的真实流露;相反,矫揉造作的佯笑,绝对是难看的皮笑肉不笑。

1. 微笑来自于自信

自信的人,任何时候都拥有尊严,哪怕身处社会最底层,他也不会看轻自己。同时,他对任何人都能平等相待,面对高官显要不会自暴自弃阿谀奉承,面对凡夫俗子不会趾高气扬不可一世;不以物喜,不以己悲,他的世界始终海阔天空风轻云淡。坦途崎岖也好,阳光阴霾也罢,他都会用微笑来面对。

2. 微笑来自于宽容

宽容的人,既能体谅别人,也能慰藉自己,心中始终充满着爱和情,他为人随和,处世大方,把一些人很看重的事情看得很轻。他很少有睡不着觉的时候,再大的委屈和误解,他都会用微笑来包容。

3. 微笑来自于感恩

感恩的人,既感激生育他的人,使他获得了生命,也感激遗弃他的人,让他学会了独立;既感激帮助他的人,使他渡过了难关,还感激伤害他的人,让他磨炼了意志。凡事感激,对于所有促使他成长的人,他都会用微笑来答谢。

4. 微笑来自于健康

健康的人，心无杂念，身无疾患。他眼中的世界总是美好的，他心中的未来总是灿烂的。无论庭前花开花落，还是天上云卷云舒，他都会用微笑来拥抱。

历练自己的自信之心、宽容之心、感恩之心、健康之心吧！一旦你拥有了这些，你将一生收获笑容。

 用微笑装点我们的生活

感受着季节的来来往往，回味着人的离开与事物的淡去，不由得感叹时光的匆忙。每一天，时间从我们的手心一点一点地流走，悄悄地，不留一点痕迹。也许，只有在某一天，面对某个画面某种环境的时候，我们才会惊讶曾经拥有的已经离我们越来越远，而我们的脑海里最终只剩下一个模糊的影子。

父母赋予我们生命，我们在哭声中拥抱新的世界。当我们在成长中跌倒、哭泣，生活教会我们认识坚强。生活似一杯醇酿的酒，越久越香；生活如一首动听的歌，越老越经典；生活就像一个调色盘，为自己的人生调配出五彩的色调。

忙碌的生活、繁重的压力使年轻的人们早早地处于亚健康状态，疲惫写在脸上，颓废的文字显露在心上。有人说人生的路漫长，那是因为我们在不断的成长中经受着挫折、磨难；有人说人生的路短暂，那是因为我们在奔波中渐渐苍老，某些愿望、某些等待还未实现，却已经来到了生命的渡口。沮丧与后悔那是对生活最不认真的态度，对待生活应该保持年轻态，对待生活中的人与事，应该以一种体验的心情去面对，不要太在乎得到了什么，失去了什么，应感动自己曾经获得了体验的快乐，为自己的心确定一个支撑点，让心灵寻求一种平衡，对于暂时所拥有的不得意忘形，对于已经失去的不懊恼哭泣。换一种坚强的心情，寻找造成失败的原因，努力去挽救。假如失败已经落入谷底，也不要气馁，告诉自己已经尽力，就

不必言悔。

提高生活的质量，将复杂的生活简单化，将无法拥有的愿望随意化，将枯燥的事物诗意化。只有这样，我们才能够轻松地面对生活中的一切，只有这样，才能让我们看似漫长的一生充满希望，才能让我们实际短暂的一生充满阳光和色彩！

时刻保持一份淡然的心情，用微笑装点我们的生活。学会微笑着、平静地面对人生，调整自己心灵的方向盘，不管我们沦落到何种尴尬的地步；不管我们如何努力，命运却还总是与我们做游戏，作弄我们；不管我们多么渴望机遇，而机遇却总与我们擦身而过。微笑着生活吧，只有这样，才能展现自己的个性修养，只有这样，才能保持一种永久淡定的姿态，一种永久的魅力情怀。

其实，生活是很累人的。而产生累的原因是因为精神负荷太重，是因为对所有的一切看得太重，是因为心对人事的迁就忍受的结果，是因为自己对自己太苛求的结果。从面具将面容套上的那刻起，累字就如紧箍一般将心勒紧。当嘴边说着："活得真累人"的话，是否想过那是因为面具造成的因果，面具戴得太久，将自己真实的一面隐藏了，无法真实地说话，无法真实地大笑或是大哭，无法真实地想唱就唱，想倾诉就倾诉，无法将真实的心灵表露，压抑着想做的，想说的，是一种痛苦。所以，学会微笑着面对生活，学会微笑着迎接成功，学会微笑着承担失败，学会勇敢地微笑着做真实的自己，人生才会越来越精彩！

微笑着生活，还需要一种悟性。往往大多数人在执著中无法释怀，而恰恰却是在经历了某种变故后，顿悟出对生命的另一种思考。

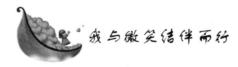 我与微笑结伴而行

面对人生道路上的困难，我一笑置之。

人生的道路总是曲曲折折，坑坑洼洼的，它留下得意者的欢欣，也淌过失败者的泪水。我一个普普通通的女孩时刻遭受着生活赋予

我的苦难。每当考试不如意时，我用微笑面对它，因为微笑给了我跌倒在地而又顽强爬起来的无形勇气，在微笑的鼓励下，我总结原因奋发向上，取得了一次又一次的成功；每当烦恼侵袭我时，我依然用微笑面对它，因为只有微笑才可以化解凝聚在我心中千丝万缕的愁结，使我如释重负，看到明天的灿烂和生活的美好；每当家庭变故，亲人生离死别时，微笑依然荡漾在我脸上，因为我相信人生到最后总是圆满的，每个人的一生难免经历这一切，无须悲伤，无须痛苦。

面对朋友们对我的误解，我一笑置之。

人生在世，知己难觅，拥有了一个好朋友，是一件无限快乐的事。朋友的烦恼我替他分担，朋友的快乐我们共享，当朋友们没有了解事情的真相而误解我时，我不会申辩，不会争吵，而是用微笑去面对他，而往往就是微笑化解了我们之间的误解，增强了我们之间的友谊，使我们的友谊更为坚实，更为稳固。

生活在这个世界上，我与微笑结伴而行。

一位小姑娘随妈妈去捐款，一位大姐姐问小姑娘："小妹妹，妈妈给患病的哥哥姐姐捐钱了，你捐点什么呀？"那位妈妈说："你给姐姐笑一个，就说你捐一个甜甜的微笑给哥哥姐姐。"多么慈爱的母亲。是的，没有人会拒绝微笑，也许仅是一个甜甜的微笑，可以化解生活中的许多矛盾。而我们在快乐的过程中，也一样带给别人快乐，进而，我们会获得更多的快乐的回报。

世上没有无缘无故的爱，也没有无缘无故的恨，凡事总是有原因的。付出微笑，就会获取微笑。付出沮丧，得到的依然是沮丧。前者可以让微笑越来越多，后者只能使沮丧越积越深。授人玫瑰，手留余香，浅显的道理，人人都懂。不过要做好，摆正心态却非常重要。

善良、爱心、微笑，这些并不引人注目的词汇正是人生所必需的啊！学会微笑吧，它会使我们一生充满快乐！

生活在这个世界上，我与微笑结伴而行。

人生旅途中所走的路不一定都是平坦大道，也许会有一些坎坷，但只要我们心怀希望，有直面生活的勇气和信心，有着一份快乐的心情，我们一定会在困难中微笑的。

生活不可能是一成不变的,《我能行》的歌中唱道:"如果面前是一座山峰,我们就勇敢去攀登,如果遇到一场暴风雨,我们就是翱翔的雄鹰。跌倒了,爬起来,说一声,我能行!骨头变得更硬。失败了,不气馁,说一声,我能行!再去争取成功。我能行,有信心;我能行,更坚定;我能行,去开创新的人生。"如果我们遇到任何困难都能保持着一种积极乐观的心态,那么我们的生活和学习该是一件多有意义的事啊。我们应该做到既要赢得起,又要输得起,这样我们才能取得真正的成功。

我们不能改变天气,但可以改变心情。方法总比困难多。让我们微笑着面对困难。有了勇气和信心,有了快乐的心情,我们一定会在困难中微笑。

生活在这个世界上,我与微笑结伴而行。

在朋友家的院子里看见一大片向日葵,那是一些让人心胸舒畅的花,它们有的弯着腰,有的昂着头,一堆堆的灿烂着。

那些年长的花盘已经很大很厚重了,很丰腴很繁华;年轻的爱聚在一起,美丽热闹。能流连在向日葵园的感觉真好。闭上眼睛,那一片金灿灿的,有阳光也有向日葵花瓣的香气迎面扑来。我整个被包围在一片亮色之中,不能移动,无法思考。我想说几句话,但不知道说什么,因为眼睛已经被占领,心也沦陷。她们真的是快乐的吗?在夜里是不是也曾经哭泣?而展示给我们的,却总是开朗,微笑,不放弃。

尽管我无法做到,我还是希望我能像它们一样,在夜里哭泣,在阳光下微笑,不放弃。

生活在这个世界上,我与微笑结伴而行。

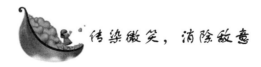

传染微笑,消除敌意

听同事讲了这样一件事:

那天,我站在一个手机店的柜台前,把一个装着几本书的包放在旁边。在我挑选手机时，一个衣着讲究、仪表堂堂的中年男子也过来看手机，我礼貌地把我的包移开。但这个人却愤怒地瞪着我，告诉我他是个正人君子，绝对无意偷我的包裹。他觉得他受到了侮辱，重重地把门关上，走出了手机店。

"哼，神经病。"莫名其妙地被人这么嚷了一通，我也很生气，也没心思看手机了，出门开车回家。

马路上的车龙像一条巨大而蠢笨的毛毛虫，缓慢地蠕动。看着前后左右的车我就生气：哪来的这么多车；哪来的这么多新司机，简直就不会开车；那家伙开这么快，不要命了；这家伙开这么慢，怎么学的车，真该扣他教练奖金……

后来我与一辆大型卡车同时到达一个交叉路口，我想："这家伙仗着他的车大，一定会冲过去。"当我下意识地准备减速让行时，卡车却先慢了下来，司机将头伸出窗外，向我招招手，示意我先过去，脸上挂着一个开朗、愉快的微笑。在我将车子开过路口时，满腔的不愉快突然全部无影无踪。

手机店中的男士不知道从哪里接受了愤怒，又把这种坏情绪传染给我，带着这种情绪，我眼中的世界都充满了敌意。似乎每件事，每个人都在和我作对。直到看到卡车司机灿烂的笑容，他用好心情消除了我的敌意，才有了快乐的心情，才听到了鸟儿的歌唱。

听完同事的讲述，我知道了个中缘由：别人冲你生气，是因为他有气，而不完全是你的错。如果都能传染微笑而消除敌意，世界该有多美好。

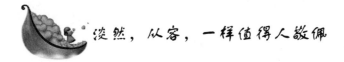

淡然，从容，一样值得人敬佩

生活中有太多不如意，有太多让人感慨的事情。面对不幸时，淡然也好，从容也罢，都一样值得人敬佩。

看到儿时的那些建筑物都已被一栋栋的高楼大厦所代替，我不禁有些失望。我从这里搬到佛罗里达州的杰克逊维尔市已经很多年

203

了。我开车回到这个小镇的目的是寻找儿时的那个老理发店。那时，孤儿院带我们来这里享受免费的理发，给我们理发的是一位还未出师的学徒。

天还早，相当冷。我穿上大衣，开始寻找电话。在走过一条街后，我看到了一个鞋店的门敞开着。我走进去。向店员借用他们的电话本及电话。因为没有找到那个老理发店的电话号码，我挑了一个当地美发沙龙的电话。如果那个理发店还在，希望他们可以把它的新地址告诉我。电话占线，我决定几分钟后再试一次。

"我想几分钟后再打一次。因为外面有点冷，介意我在里面等吗？"我问店员。

"你怎么不到街上去？"店员以一个响亮而严厉的声音说。

我转过身，看他是否在跟我说话。

"讨厌的流浪汉总是想占用我们的洗手间。"他回答道。

我看到一个衣衫破旧的男人站在商店的外面。正透过巨大的玻璃窗往里面看。店员打着手势，叫流浪汉到街上去。

我又拨了几次号码，但总是占线。

"想来一杯咖啡吗？"店员问我。

"听起来不错。谢谢！"

当我和他边喝着咖啡边聊天时，一个大约20岁的男孩自己推着轮椅进了商店。

店员放下咖啡，上前迎接男孩。

"我想买一双新鞋。"男孩说。

当他转弯时，我看见他盖着毯子的膝盖下面空荡荡的。我大吃一惊，男孩竟没有双腿。

店员站在那里不知该说什么好。显然他也看到男孩失去了双腿。

"买礼物送给朋友吗？"我问男孩。

"不，买给我自己。"他笑着答道。

我笑笑，心中不禁生出一丝好奇。

"你想要哪一种鞋？"店员问。

"牛仔靴。你这里有牛仔靴吗？"

店员告诉他后墙的货架上有三四双牛仔靴。

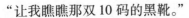

"让我瞧瞧那双 10 码的黑靴。"

店员利索地转过身去拿鞋。

"很有趣，是吗？"男孩问我。

"你的意思是你没有双腿，到鞋店来买鞋，看到别人的反应很有趣？"我答道。

"当然不是。"

我耸耸肩，不明白他的意思。

"我还是孩子时，我父母每年都给我买一双新鞋。那是一种很美妙的感觉。我永远不会忘记一些事情，比如皮革的味道、在鞋店里展示新鞋时的骄傲。"

店员拿着一个盒子回到了男孩的身边。他坐在地板上，拿出一只鞋子递给男孩。男孩闭起眼睛，把鞋子放到鼻子边，仰起头，深深吸了一口气。

我不知道该说什么。这时，泪水顺着男孩的脸颊流了下来。

"你遇到了什么意外？"我问他。

"农场事故。"他说，然后他清了清他的嗓音。

"到街上去！"店员大吼道，因为那个他刚赶走的流浪汉又从玻璃窗往里看。

男孩看着那个老流浪汉，然后转身面对着我。

"你介意到外面去看看那个老人穿多少码的鞋吗？"他说。

我慢慢走过去打开前门，叫流浪汉进来。

"你穿多少码的鞋？"男孩问流浪汉。

"我不知道。"他答道，然后低头看着他的旧网球鞋。

"我看大概是 9 码半。"我说。

"你这里有最好的 9 码半的远足靴吗？"男孩问店员。

店员转身，再次走到货架旁去取鞋。老流浪汉站在那里，一直低头看着地板。一分钟后，店员拿着一双远足靴回来，我看到靴的衬里是羊毛。男孩伸手接过靴子，放到鼻子边，深深地吸了一口气。再次，他的眼里溢满了泪水。

"先生，你介意替我试穿一下这双靴子吗？"男孩问流浪汉，然后把靴子递到流浪汉面前。流浪汉坐下来，脱下他的网球鞋，然后把脚穿进靴子。男孩示意店员帮助他。店员在流浪汉面前蹲下来，开始帮他系紧鞋带。老流浪汉的眼睛自始至终都没离开地板。鞋带系好后，男孩叫流浪汉在店内走一圈，以便他能从不同距离审视靴子。

"感觉如何？"他问流浪汉。

"感觉很舒服。"流浪汉答道。

"我打算买下这双靴子。"男孩对店员说。

"这双靴子售价 189 美元。"店员告诉男孩。

男孩拿出钱包，把两张 100 美元的钞票递给店员。

"还要这双牛仔靴吗？"店员问他。

"不了。"

"你不是想用洗手间吗？"我问老流浪汉。

老流浪汉站起来，向商店后面走去。店员没有阻拦。

"我知道买一双新鞋仍然可以给你带来美妙的感觉。"我笑着对年轻人说。

"是这样，"他说，"并且现在已经有人与我一起分享它们的温暖了。"

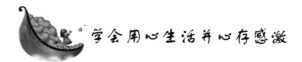

学会用心生活并心存感激

"不能跳舞就弹琴吧，不能弹琴就歌唱吧，不能歌唱就倾听吧，让心在热爱中欢快地跳跃，心跳停止了，就让灵魂在天地间继续舞蹈吧！"今天看了《思维与智慧》中"不能跳舞就弹琴吧"这篇文章中的这段话，感动不已。

"不能跳舞就弹琴吧"这篇文章写的是 19 世纪英国的一个叫露丝的女孩。在她 28 岁的生日舞会上，幸福无比的露丝在舞一个高难度的旋转动作时，一下子摔倒在地上，就再也爬不起来了。当她被送到医院检查后，医生向她的亲友宣告了一个很不幸的消息：她患上了一种极罕见的神经系统疾病。她全身的神经将会慢慢地丧失功

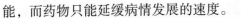

能，而药物只能延缓病情发展的速度。

露丝是一所舞蹈学校最出色的教师，她非常热爱跳舞，喜欢舞会上那种激情四射的感觉。

每年她过生日时都要举办家庭舞会。亲友们都为这次她生命中最后的表演而感到深深的痛惜。

转眼一年过去，人们以为露丝再也不会像往年般举办舞会，可就在她生日的前一天他们照样都接到了露丝的邀请。让他们穿上最华美的衣服带着最精彩的舞姿前来。

露丝在钢琴后面笑着对大家说："虽然我不能跳舞，可我还可以为你们弹琴，能欣赏你们的舞姿我同样开心快乐！"优美的音乐如清澈的河水从她的指间流出，人们在感动中陶醉了。

就在这一年，露丝病情恶化，除了头部，全身都不能动了。听到这个消息，人们都很难过，知道她那美妙的琴声也已成为绝响。而露丝在 30 岁生日的舞会上，却第一次展示了她的歌喉，正如她所说，不能弹琴就为大家唱歌吧！这一年的舞会，来的客人要比往年都多，大家都想听听她的歌声，给她最美好的祝愿。

在那次舞会的 4 个月后，露丝又失去了她的声音。人们都沉默，不知道失去歌声的露丝怎么面对生活。可是在她 31 岁生日的前夕，人们照常收到了她的邀请。

那一天，来的人极多，院子满了，院墙外也挤满了，都是小城善良的人们，他们来为露丝祝福。音乐依然，舞蹈依然，露丝卧在一张躺椅上，只有眼睛还能艰难地眨，只有心还能激情地跳。人们在她的眼神中看到了微笑，看到了温暖，看到了一种蕴涵的对生活的热爱！

露丝终没能跨过 31 岁的门槛。出殡的那天，小城里认识她和不认识她的人都来送行，陪这个美丽的女子走完最后的一段路。而在她的墓碑上，就刻着这段话："不能跳舞就弹琴吧，不能弹琴就歌唱吧，不能歌唱就倾听吧，让心在热爱中欢快地跳跃，心跳停止了，就让灵魂在天地间继续舞蹈吧！"

一个多么坚强而又乐观的女孩！

正值青春年华的露丝得了这种罕见的绝症，她非但没有丧失生

第八章　友善的微笑：亲近和善、友好、宽恕的笑

活的勇气，反而过得如此开朗、轻松。不仅没有因为病痛的折磨而消沉得一蹶不振。还给周围的人们带来了不仅仅是许多的快乐，更宝贵的是那份对生活的美好追求和深深的热爱。

真是一个值得所有人尊敬的女孩！

在我们人生的旅途中，谁都不可能一帆风顺，每个人都会遇到很多不开心、伤心的事情，甚至是生离死别的惨事。强者会勇敢面对，毫不示弱；而弱者却往往身陷其间，逃避现实，不能自拔。

其实我就是这样的一个弱者。

我会因为自己的孩子偶尔的淘气而生气不已，会因为学生暂时的成绩不如意而烦恼整天，会因为教师职业的辛苦待遇又低而厌倦，还会因为家庭中的纷争而伤心……看到了露丝的故事，我才发现自己是如此的幸福！自认为的这些苦痛与伤心不过是自寻烦恼罢了。与露丝相比，真可谓沧海一粟。

露丝也让我真正懂得幸福的含义：真实的生活，简单的美丽。

其实，幸福很简单，它是靠自己去感觉的，我们要学会用心生活并心存感激，那么幸福快乐将会伴随我们每一天。

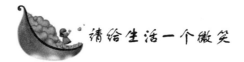

请给生活一个微笑

生活本来就有很多方式，或者痛苦或者快乐。生活本身不会妥协，所以在它强势面孔之下，我们不妨快乐一些，以柔克刚。

有一种人，也不知为什么总一副闷闷不乐的样子，没人招没人惹，两道愁眉，一张苦脸，从外形到气质透着那么不开心、不快乐、不高兴、不喜悦。你问他，他就郁郁寡欢地看着你，半天说不出个所以然；你不理他，他就继续郁郁寡欢地看着你，垂头丧气，死气沉沉，多愁善感得仿佛全世界的悲伤都被他一人给预支了，比最咸的大海还要潮湿阴冷，比最深的黑夜还要苦不堪言，全身披挂茫然无措，就像一棵过期的圣诞树。

也有一种人，也不知为什么，总一副缺心少肺的样子，没人招没人惹，一对笑眼，大嘴常开，从气质到外形透着那么不幽怨、不烦恼、不苦闷、不悲伤。你问他，他就嬉皮笑脸地看着你，半天说不出个所以然；你不理他，他就继续嬉皮笑脸地看着你，乐不可支，怡然自得，天真烂漫得仿佛全世界的欢乐都被他一人给预支了，比最深的黑夜还要深邃动人，比最咸的大海还要广阔开怀，全身披挂无比无虑，就像一棵幸福的圣诞树。

对生活，诠释很多，可以快乐，可以悲伤，身在其中，每个人都会遭遇许多问题，不同的困惑，不同的喜悦，不同的迷茫，不同的欢乐，这没什么大不了，谁能说那就是生活的全部？谁又能说谁比谁就更了解生活？有的人不快乐，或许只是因为渴求太多甜蜜，有的人很快乐，或许只是因为尝过太多辛酸。只是，生活不会对任何人妥协，无论你是快乐还是悲伤。

如果你觉得这样的生活辜负了自己，你的绝望可以盖过光芒万丈，你的委屈可以淹没瓢泼大雨，你沮丧得像一句毫不起眼的废话，恨不得抄起板砖把生活砸个稀巴烂，那么，这时不妨尝试换个角度，在痛不欲生前，给生活一个微笑，这不容易做到，但过去并不总是预言着将来，幸福也并不总是虚无缥缈，生活也许听过我们之前的每一句牢骚，但它还没有看到我们今天的表现，不是一么？

第八章　友善的微笑：亲近和善、友好、宽恕的笑

第九章　幸福的微笑：内心宁静、祥和、满足的笑

　　微笑是幸福的，幸福着你的微笑，也就是幸福着你的人生。不要吝啬你的微笑，微笑是生活中最旖旎的风景，是人际关系中最美妙的法宝。

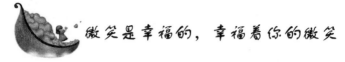

微笑是幸福的，幸福着你的微笑

生活需要微笑。是微笑让这个世界变得更加温暖如春，变得更加美丽生动，变得更加丰富多彩。

有了微笑，河流才那么清澈；有了微笑，天空才那么湛蓝；有了微笑，山川才那么翠绿。

或许你没有娇媚动人的容颜，或许你没有曼妙柔美的身躯，或许你没有精深广博的学问，或许你没有如日中天的事业，但你不能没有微笑。

一个人可以接受失败，可以承受不幸，可以遭受挫折，可以忍受寂寞，但你不能失去微笑。

微笑着面对生活。笑看人生中的风起云涌，笑看人生中的暗潮涌流。微笑是心态上的一种成熟，是心志上的一种淡泊，是心灵上的一种放松。

微笑需要适时开放。不要让生活的压力淡漠了你的微笑，不要让权利、金钱冷漠了你的微笑。生活是公正的，你对生活付之以微笑，生活也会慷慨地把精美的微笑馈赠于你。

不要认为自己是严师才出高徒。所以把你的微笑隐藏在冰冷的眼镜后面，动辄板着一幅冰冷的面孔训斥学生，而且这种训斥的口吻逐渐成了你的习惯，延伸到你的生活中。或许你没有察觉到，在不知不觉中，你已经把爱人、孩子、朋友当成了你的学生。长此以往，谁能不对你敬而远之呢？

不要以为你是一个单位的最高统帅。所以就把你的微笑掩盖在高高在上的老板桌后面，你三天两头的冷若冰霜，会让你的员工心绪不安。或许你是故意想用冷酷的权威来震慑别人，但你可否知道，谁愿意成天在乌云密布的环境中工作，又有谁不想生活在阳光灿烂的日子里呢?

微笑是幸福的,幸福着你的微笑,也就是幸福着你的人生。不要吝啬你的微笑,微笑是生活中最旖旎的风景,是人际关系中最美妙的法宝。恰到好处地给别人以微笑,它起到的作用是事半功倍的,甚至胜过千言万语。

当孩子考试成绩不理想时,最担心的是父母的态度。如果这时父母能给孩子一丝鼓励的微笑,定会让孩子信心倍增,从而发愤图强。

当他(她)在工作中遇到不如意的事时,最希望的是得到爱人的安慰。如果爱人能适时地给对方以理解的微笑,定会让他(她)心绪平稳,忘却烦忧。

当下属因失误做错了某件事时,最害怕的就是上司的训斥或者担心失去上司的信任。如果这时上司能给下属一丝激励的微笑,定会让员工感激涕零,甘愿为你赴汤蹈火。

与微笑同行。逆境时,微笑着告诫自己"自古英雄多磨难";失去时,微笑着告诉自己"塞翁失马,焉知非福";失败时,微笑着告知自己"失败是成功之母";做错事时,微笑着劝慰自己"吃一堑,长一智";失意时,微笑着勉励自己"天生我才必有用"。

微笑需要真诚。它不是挂在面孔上的一种装饰品,也不是肌肉的一种无意识运动。而是内心真情实感的自然流露。只有真诚的微笑才是最美的,也只有真诚的微笑才能打动人,才能感动自己。

幸福着你的微笑,让微笑成为永恒,让微笑伴着你我一路前行。

第九章 幸福的微笑:内心宁静、祥和、满足的笑

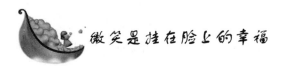

微笑是挂在脸上的幸福

微笑就是挂在脸上的幸福,一个微笑的表情,能带动你身边的每一个人;一个微笑的符号,能让网络对面的另一个他知道你是开

213

心的，这些真的很简单。脱下虚伪的面具，放松一下你的心情，回到家里对着家人笑一笑，你会觉得很幸福。

今天你微笑了吗？虽然像公益广告里的台词。却又有着它潜在的内涵，如果说你幸福你会微笑，你不幸的时候你会沮丧，那么你还不是一个完全自我解放的人。我们在生活中总是会遇到幸与不幸多方面的事情，面对现实我们无法去改变，我们都会希望自己能够拥有很多，过上富足的生活，每日没有烦恼，但那些真的叫生活吗？其实生活就是如此，生活是磨难，是挖掘一个人潜在的生存力，不可能一生无风浪。

我是一个比较喜欢笑的人，有人说我开朗，有人说我风趣，每天哪有那么多高兴的事，也有人说笑得多了脸上会有皱纹，还是少笑一些比较好。其实就连我自己也不知道为什么会如此的喜欢笑，这可能就是一种习惯，我习惯用笑去面对生活，我习惯把所有的事情想象得很简单，如果某一天我失业了，无所事事的时候，可能我也会微笑地面对。从小到大，我经历了很多，从父母一一过世，到现在与爱人的分离，那些就连自己都未曾想过的事情发生时。我还是微笑地面对。很多人说我坚强，其实我自己最清楚，我并不是一个坚强的人，只是偶然的一次，让我感觉到我并不是自己一个人活着。

记得和爱人分开的时候，那几天我心情很郁闷，每天晚上偷偷地哭，搂着孩子不知道以后的生活该怎么过，可当我哭的时候，我发现孩子的眼泪也含在眼睛里，看着孩子单纯的脸，突然我意识到我错了，为什么我要把自己的痛苦留给孩子，为什么要让孩子和我一样忧伤。自此我不再哭，在孩子面前我永远都要微笑。

从我不再哭的那一天开始，孩子的脸上也有了阳光，随着孩子的成长，她似乎忘掉了爸爸的离开所带来的不愉快，她也变得开朗了很多，每天回家后和小朋友们一起玩，每天都能从孩子的脸上看到幸福，那些才是我活着最想看到的。都说父母是孩子的导师，其实我觉得孩子才是父母的导师，当我们长大成人，我们的思想在改变，我们对身边事物的要求在改变，在我们改变的同时，我们可能忘掉了那份责任。一些时候，我们在利益面前想到的总是自己，忘掉了做人的本质，可能到最后我们都不知道什么样的生活才是自己所想要的。为何孩子脸上的笑容永远都是灿烂的、单纯的，而我们的却不是。

微笑其实很简单，轻轻地上扬一下自己的脸，露出牙齿，无论是孩子，还是身边的朋友，都能体会到你的开心，让别人分享你的生活，那就是最幸福的。为什么一个即将失去生命的人，能够看到很多，能够明白很多，哪些是该追求的，哪些是自己失去的，人往往在生命的最后时刻才会明白做人的真正道理。彩虹总是在风雨后出现，幸福总是在悲伤后才能真正地去体会，正如我们在这个地球上生活一样，无论我们怎样去做、怎样去想，哪怕有一天我们从这个地球消失时，我们在别人的记忆中还是存在的。当你遇到不开心的事，只要你笑一笑，不在乎别人说什么、做什么，未来就会充满阳光。

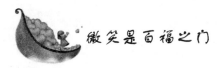

微笑是百福之门

作家威尔科克斯说："当生活像一首歌那样轻快流畅时，笑颜常开乃易事；而在一切事都不妙时仍能微笑的人，才活得有价值。"微笑是全世界共同的语言，我们可能听不懂别人说的话，但我们看得懂别人的笑。佛家说：笑是百福之门。孰语说：一笑接百福。可见，笑和福的关系是多么密切。

享誉世界的著名法国儿童文学短篇小说《小王子》的作者安东尼·德·圣埃克苏佩里曾是一名非常优秀的飞行员。在一次战斗中，他的飞机被击落，他不幸被敌人捉住关押起来。夜深人静时，想到自己第二天就可能会死掉，他想起家中的亲人，内心陷入极端的惶恐与不安中。他想抽支香烟，但却找不到什么点火。他鼓足勇气向看守他的警卫去借火，警卫很冷漠，用眼睛斜了他一下，毫无表情把火拿了出来。

警卫帮他点火时，他们的眼光碰到了一起。这时他下意识地冲着警卫微笑了一下，就在这一瞬间，这抹微笑打破了他们之间的隔阂。警卫的眼角也不自觉地现出笑容，他的眼神中也少了那股凶气。警卫突然开口问安东尼·圣埃克苏佩里有没有孩子。安东尼·圣埃克苏佩里不知道警卫是什么意思，他手忙脚乱地在衣兜里翻出了全家福照片。警卫接过照片看了看，也随手掏出了自己家人的照片，开始讲述他对家人的思念和期望，两人找到了共同语言，你说我应，我说你应，一句句说了起来。说着说着，警卫突然打开牢门，悄悄带安东尼从后面的小路逃离监狱，之后转身什么话也没说就走了。

是微笑救了安东尼·圣埃克苏佩里一命，才有了后来世界上著名的作家。

有一个汽车销售大王叫乔吉拉德，他是世界上最伟大的销售员，他连续12年平均每天销售6辆车，至今无人能破。因售出13000多辆汽车创造了商品销售最高纪录而被载入吉尼斯大全。许多人都想得到他的成功秘笈，他说："一个人要推销自己，面部表情很重要。微笑可以增加你的面值，当你微笑时，整个世界都在笑。"华人首富李嘉诚说："在这个世界上，你给别人什么样的表情，别人回报你什么样的表情。你给对方善良的微笑，对方回报你善良的微笑……当你把微笑给了千百个人时，千百个人就会回报你千百个微笑，你的人生就成功了。"

笑就是美，名画家达·芬奇因画了一幅《蒙娜丽莎的微笑》而流传千古。原因是"蒙娜丽莎"从内心生出的笑意，在脸上流露出自然而温馨的微笑。这种笑意让欣赏者内心感到非常的愉悦。

微笑，是一最好的缓和剂，能化解人与人之间的矛盾；微笑是一把打开心灵的钥匙，能让人们进行心灵的沟通；微笑是一盏指路的明灯，能给迷失的人们导航；微笑是一个圆心，团结着周围的人群；微笑帮助人揭开眼前的一层面纱，让人看到庐山真面目。

微笑，是人类文明进步的体现。微笑是可以感染、弥漫、浸润别人的。我们希望得到别人的微笑，就让自己先给他人一个微笑吧。我们给别人一个微笑，别人回敬我们一个微笑，彼此的心门一定都被打开。在人生的旅途上，最好的身份证就是微笑。微笑会帮我们叩开成功之门，微笑会帮我们结交更多的朋友。微笑会让我们找到属于自己的快乐。生活在紧张、快节奏的信息时代的人们比以往任何时候都更需要微笑。我们真心希望获得发自内心的微笑，因为彼此的微笑，让我们心情愉悦，我们更会让对方热情更高。

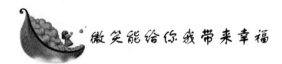

微笑能给你我带来幸福

爱是一种付出，爱是一种力量。爱是拥有，爱是情感，爱是一种感动。被爱是一种幸福，一种沉醉，一种想放又放不开的东西。

人生的一切淡如水。同时充满了诱惑。诱惑就是人想得到某种东西的欲望。很少有人能抗拒。人一旦有了欲望就容易改变。即使没有这个欲望，只要在它面前，周围给你小小的外力，你就会有欲望，也就有了诱惑。

不是生活苦恼太多，而是我们心胸不够开阔；不是生活幸福太少，而是我们还不懂得怎样生活。爱只能让人爱得沉醉，那柔情似水的爱是无法后退的。曾经多少的爱情故事，并不能给你带来什么痛苦，这一切都是由你自己决定的。

能爱人与被人爱都是一种幸福，这一点谁也不能与事实争辩。能爱上一个人就要无怨无悔，真的爱是要不停地付出，而忘了结束。如果你做不到这一点，请回头看看你走过的路，问一问自己，你真的很爱她吗？即使在某一天，你离开了她（他），可是你还是能在你失落，成功的时候，想起曾经爱过的她（他），这何尝不是一种幸

217

福？能回忆，能想起，能感觉，这就是上天给予你（我）最好的东西。

坎坷不平的生活才是真正的生活，只有在这不平的生活道路上前进才是你我来到这个世界上的意义，才能感受到这世界的多彩多姿。只要你曾经那么无悔的爱过某个人，那你这一生无疑是值得的。每一次你想起曾经爱过的她（他），你不会伤心，这时在你的嘴角泛起的只是微笑。

有那么一种爱，是可贵的。有那么一种爱，是明亮的。柔柔的，如同细雨一般，洒落在你的心里，飘逸着如丝如玉的光影。有那么一种爱，是奔流的。有那么一种爱，是狂热的。暖暖的，就似春色满怀，洋溢在你的额前，撒播着似迷似醉的柔情。

想是一种享受。与梦不同的是，想是来自生活，来自感受。正因为这样，生活才多姿多彩。想中的生活是快乐的，是与朋友相聚一堂，是与家人团聚，是与恋人海边漫步。想是时间飞翔，想是时间倒流，这一切是源于生活的坎坷不平，源于复杂而又平凡的生活。

生活中，每个人的际遇都是不同的。在每个人的生活中，总是有些不顺心的事发生，这需要我们放开心情去面对。有时面对痛苦和失败就是一种成长，一种升华。

人生在世，高兴的时候不多，但往往每一件小事，每一次微笑，都是生命中的花朵，都是生命中的回忆。也许，回忆是一种痛，但作为你我，回忆就是一种活着的感觉。

在这个世上，能回忆的时间不多，回忆一切，就是反省自己，反省生活。朋友，当你心烦的时候，想想过去，不管你的生活中是苦是甜，回忆都是一种美好的安定剂。

回忆就是能带给你感觉的东西，有回忆才有生活，才可能面对生活，才能感受到这个世界的存在，这样，你就不会再感到生活没有追求，没有希望。心情好的时候就能正确地对待别人和自己了……

"暮春，我向往着：踩着田垄间苗木，煦暖的阳光照得人浑身舒畅。新鲜的泥土气息，素淡的蔬菜清香，一阵阵沁人心脾。"我向往的是那繁茂的森林，田野中的鸟语花香……

我感觉到了，我不再是一个喜欢孤独，喜欢寂寞的我。回忆起以前，总是多么希望自己一个人，在清静无边的草原上看着那一望无际的天边，静静的，静静的，一个人：任由那草原上的风，吹进心里，吹进我最悲最痛的地方。而这时，我想到的，听到的，只是那一阵阵的和风，叽叽喳喳的鸟叫声……

我挽着轻风的手，追着潺潺的流水，沉浸在向往中……微风能给我们带来欢笑，淡淡的微笑能给你我带来幸福。面对生活应该淡淡的微笑，淡淡的微笑也是一种快乐！

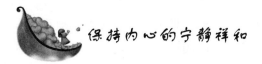

保持内心的宁静祥和

心安，心灵安宁之谓也。无愧于天地，无羞于人世，没做对不起别人和自己的事情，没有超出自己范围的想法，内心宁静平和，如大山之矗而风雨不动，如深潭之静而波澜不惊。快乐就是一种心灵的感受，而心安则是快乐的至境。

一个出租汽车司机，在准备收车回家的路上撞上了一个人，他下车看了被撞的人，是一个老人，老人满脸是血，已昏迷过去。

他第一反应就是赶快离开肇事现场。他上车后风驰电掣地把车开回家，打开家门，两腿发软瘫坐在地上，脸色惨白。媳妇见状，被吓得一时说不出话来。过了许久司机语调颤抖地说："我撞人了。""人怎么样了？""不知道，满脸是血，不省人事。""有人看见吗？""我看了，好像没人看见。""你怎么没把他送医院，要是人死了，那事可就大了。"

"我怕的就是这个，看他当时那样子，就是送医院，也抢救不过来的。""肇事逃逸罪加一等，我看明天你还是去自首吧。""自首，如果那老头真的死了，自首又有什么用，都是要坐牢的。""自首，会从轻处理的。""我坐牢了，你怎么办？""就是没人举报你，那会背一辈子的良心债。"

那一夜司机失眠了，一闭眼老人血淋淋的面孔就在他的眼前晃动，他害怕、恐惧，心速加快。

他想起了媳妇的话，肇事逃逸罪加一等。

他在思想斗争着，如果选择逃避，他的心不会安宁，不会心安理得生活一辈子。

第二天，他去自首，听到公安的人说，老人被别人救了，只是一些外伤，没有生命危险。

有人问一个长寿老人长寿的秘诀，老人说，自己年轻的时候曾拥有一笔数目不菲的外财，当时自己生活很困难，很需要钱。如果把这笔钱据为己有，也不犯法，也绝对无人知晓，一家人一辈子就再也不用愁吃穿用的问题了。但是他经过三天的激烈思想斗争，还是归还了这笔没人知道的巨款。

虽然自己的生活如故，但从此自己的心安静下来。老人总结自己长寿秘诀时说："心灵的安宁，才是快乐长寿最不可缺少的。"

我们在人生漫长的旅程中，最沉重的其实并不是某种外物，而是自己那颗无法安定的心啊！我们总是有无法满足的欲望，总是这山望着那山高，我们就不能心安，我们自然会心烦意乱。

有人说："使人疲惫的不是远处的高山，而是鞋里的一粒沙子。"因为我们心中有太多的不舍，有太多的欲望，所以才有了现代人所说的"累"。每天都处于喧嚣的人群之中，生活在灯红酒绿的尘世上，在这种喧嚣中我们无法听到自己的脚步和心跳声。我们的耳边充斥着噪音，我们忍受着繁忙的工作，我们还要忍受着家庭琐事的没完没了的折磨。

每天我们的神经都绷得紧紧的，得不到一丝喘息的机会。我们感到烦躁，我们想躲也躲不开，我们无处藏身，我们只能承受。这样的时候，谁都可能要经历过。

如果能找一段时间静一静，让那段时间完全属于自己，静下心来，好好的倾听来自心灵的声音。只有保持内心的宁静和谐，我们才能够在这个喧嚣的尘世中找到属于自己的那份幸福和快乐。

有人说，心安的人吃饭香，不一定是山珍海味；心安的人睡觉甜，用不着什么金屋龙床。即便是面对人生的苦难，心安，连苦难也淡化了。是的，心安，我们淡化一切烦恼和不如意；心安，让困难和挫折离我们而去。

心安，能使人头脑清醒、思维敏捷；

心安，能使我们正确决策，理智行动。

心安，能使我们处风雷而色不变，泰山崩而心不惊；

心安，更能使我们受褒奖而志不骄，遇挫折而气不馁；

心安，使我们内心平静；

心安，使我们内心和谐。内心和谐，才能使人感到快乐，获得快乐。

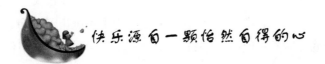

快乐源自一颗怡然自得的心

快乐源自一颗充分放松、怡然自得的心。快乐是一种心情喜悦，安适自在的样子，快乐是一种发自内心的满足，体会快乐的感觉。乐由心生心自乐，关键是自己有一份好心情，自己内心的快乐才真正的快乐。

因为一场意外，主人和他的导盲犬一起离开了人世。主人和导盲犬一起来到天堂门前。一个天使拦住他们说，因为人们死后都想上天堂，现在天堂名额紧张，你们两个只有一个可进天堂，一个必须去地狱。

主人知道，到天堂可以享受很多的快乐，到地狱就会受到很多的痛苦。他连忙和天使商量："我的导盲犬又不知道什么是天堂，什么是地狱，可不可以考虑让我来决定我们谁去天堂谁去地狱呢?"

天使想，这个主人是要要什么花招吧。他想他要主持公正。天使鄙视地看了这个主人一眼，皱起了眉头，他告诉主人说:"很抱歉，每一个灵魂都是平等的，你们可以进行一个简单的比赛。比赛从这里跑到天堂的大门，谁先跑到大门，谁就可以上天堂。"

主人想了想同意了。天使为他们画了一条线，让他们站在线前准备好，然后宣布赛跑开始。

天使满以为主人为了进天堂，会拼命往前奔。可是，比赛开始了，主人却一点也不忙，慢慢地往前走着。更令天使不可思议的是，那条导盲犬也没有奔跑，它和主人的步调基本同步，在主人旁边慢慢跟着，一步都不肯离开。

天使想了想，终于明白了:因为它是一条导盲犬，多年来已经养成习惯了，它会永远要跟着主人行动的。天使觉得主人更加可恶，主人利用了导盲犬的这一点，才知道自己稳操胜券能够进入天堂。

天使为这条忠心耿耿的导盲犬心里难过，更为导盲犬而不平。天使觉得自己应该助导盲犬一臂之力，提醒一下导盲犬，不让主人得逞。天命大声地对导盲犬说:"你已经为主人献出了生命，你已经做到仁至义尽了。现在，你的主人也不再是盲人了，不用你领着他走路了，你快些跑才能进天堂!"

可是，无论天使怎么着急，主人和导盲犬，仍然像在街上散步似的慢慢地往前走着。离终点还有几步时，主人发出一声口令，狗听话地坐下了。天使想，这个主人果然心地不善，要自己进天堂。

这时，主人对天使说:"我想把我的导盲犬送到天堂，我担心它根本不想去，只想跟我在一起，所以我才想为它做决定，请你照顾好它。"说完，主人向狗发出了前进的命令，就在狗到达终点的一刹那，主人猛地向地狱方向跑去。导盲犬见主人走了，掉转头狂奔向主人，和主人进了地狱。

看着他们一同进了地狱，天使才明白:这两个灵魂是一体的，他们不能分开，他们在一起才是最快乐的!

有一种心情叫做怡然自得，也或者说叫自得其乐。其实，每个人对快乐都有着各自不同的诠释。每个人都有自己的快乐观。其实，快乐就是人们对生活、对人生所拥有的一种态度，一种心境，一种感触，一种体悟。

陶渊明辞职县令，回归自然，才有"久在樊笼中，复得返自然"、"采菊东篱下，悠然见南山"的快乐，虽然贫穷但却怡然自得。红尘滚滚，修行者们青灯黄卷超然物外，与大自然合二为一，他们追求的是心灵的安静与恬淡，这也是一种快乐。

其实，对于每个人来说，生活中的烦恼总是像影子一样时刻跟随着我们，如果我们对其过于在意，我们就会生活在自己烦恼的影子里，就会郁郁寡欢而不快乐。

要知道，世间有太多的无奈让人难以释怀。如果我们深陷其中痛苦万分，那么我们就会给自己束缚上沉重的精神枷锁，使我们陷在泥潭中不能自拔。

然而，多年以后，当我们回头看一看时，却发现曾经沉重万分的苦恼不过如此，一切都烟消云散了。看看大自然，看看水中的鱼，林中的鸟，它们拥有什么呢？除了自由自在，它们什么都不拥有。

正是因为它们什么都不拥有，它们才能自由自在。而这才是快乐的真正源泉。所以，世界上没有什么东西是割舍不下的，要学会经常放松自己，给烦恼让道，怡然而自得！

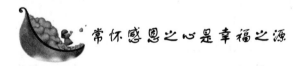

常怀感恩之心是幸福之源

无论何时，无论何地，人都应该拥有一颗感恩之心。感恩，简简单单的两个字，却把人类最美的情感推而广之：亲吾亲，以及人之亲；爱吾爱，以及人之爱；老吾老，以及人之老；幼吾幼，以及人之幼。当我们能够以此律己，这才是一种人生的彻悟。

223

20世纪80年代初，一位刚毕业的大学生，进入一家很不错的公司工作。公司里大学生不多，领导把他当成宝贝。

大学生才华横溢，又愿意学习，受到众人的羡慕。但大学生没太注意人际关系，有些锋芒毕露，不把别人放在眼里。

慢慢的，他的上司的心里就有些不舒服，由开始器重他到后来猜忌他；一些同事也由羡慕到冷眼相待，再到少和他来往。

大学生被上司高高挂起，被同事冷落一边，甚至很少有人与他沟通交流，他失去了许多施展才华的机会。

这样的日子他实在是忍无可忍，在办公室同上司大吵一架后，回家告诉父亲，准备一走了之。

老父亲做过多年的领导工作，很有人生体验，弄清事情的原委后，郑重地告诉儿子："从明天开始，在家里如何对待我，你就如何对待你的上司和同事，真诚的感激他们给你的赏识和赞美。用感恩之心去谅解他们的冷遇和责难。"

儿子不解：他们对我不好，我还要这样对他们。父亲告诉儿子："你要好好想一想，其实，这是你生命里的考验。"

儿子听了无语，整整想了一个晚上，觉得父亲的话有道理。虽然他表面上还是反对父亲的要求，但暗地里却不动声色地接受了父亲的建议，带着感恩的心重新走进公司。

他试着把笑容给每一个同事，试着把感恩的心带给上司安排给自己的每一份工作。

一段时间后，上下级和同事之间的关系明显改善了，相互之间有了更多的微笑和问候。

一年之后有升迁的机会，上司毫不犹豫地推荐了他。

从此，他知道了要用感恩的心对待所有的人，工作中一帆风顺，没用几年，就成为公司最年轻的管理层人员。

其实在人生的旅途中，人与人是相互依存的，无论是父母的养育、师长的教诲、亲人的关爱，同事之间的支持，还是他人的服务……我们时时刻刻不在享受着别人的恩惠。

学会微笑常快乐

人自从有生命的那天起，就沉浸在恩惠的海洋里。当人真正明白了这个道理，就会用感恩之心来对待生活中的一切。

我们就会感恩父母的养育与老师的教诲，让我们成人成才；

感恩社会繁荣与安定，让我们生活快乐；

感恩自然的福佑与赐予，让我们享受山青水秀、蓝天白云；

感恩社会给我们工作，让我们食之香甜与衣之温暖；

感恩成功经验与挫折的教训，让我们知道如何继续前进；

感恩朋友的相助与职场中对手的激励，让我们战胜困难、不断进步；

感恩苦难与逆境给我们的磨炼，让我们知道快乐生活来之不易；

感恩大自然给予我们的一切……

只有懂得感恩，我们才能变得机智勇敢、豁达大度，才能感觉到真正的快乐。

两个已在沙漠中行走多日的人，他们自己带的水已喝光了，在他们口渴得快要不行了的时候，碰见了一个赶骆驼的老人。他们求老人给他们一些水，老人看看自己带的水也不多了，就给了他们每人半碗水。

面对这根本不能解除身体饥渴的半碗水，其中一个人很生气，抱怨老人只给了这一点，越说越气的情况下，竟将半碗水泼掉了。另外一个人对老人很是感谢，怀着感恩的心把这半碗水喝下了。

结果，可想而知，前者因为拒绝这半碗水，最后渴死在沙漠中，后者因为喝了这半碗水，终于走出了沙漠。

感恩之情是滋润生命的营养素，因为感恩，生命才更加有意义。一个人对生活有一颗感恩之心，他的心态就会是平和的，心情就是愉快的，即使遭遇挫折，也会很快战胜挫折，就算遇上再大的灾难，也会放平心态，找到机会熬过去。

感恩者遇到祸，祸也能变成福；而那些常常抱怨生活，没有感恩之心的人，即使遇到福，福也往往变成祸。

一个人有了感恩之心，用感恩之心去对待人、对待社会、对待

225

自然，就会与人、与自然、与社会和谐共处，使自己的心地更加亲切美好，自身也会因为这种心理的存在而变得愉快和健康起来。

感恩是一种处世哲学，也是生活中的大智慧。

学会感恩，为自己已有的而感恩，感谢生活给我们的赠予。这样我们才会有一个积极的人生观，才能有一个健康的心态，才能感受到生活的幸福。

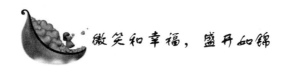

微笑和幸福，盛开如锦

苦难有什么可怕的呢？苦难只是幸福生活的一个反衬对象而已。因为这个世界上有了苦难，所以微笑和幸福才显得那么珍贵。

不知从何时，他们开始出现在那个路口。那是我上下班的必经之路，除了特别恶劣的天气，他们都会在。

年近不惑的一对男女，应该是夫妻，做着爆米花的小生意。因为收费低，或是别的原因，生意很好。

男人很安静，默默地一锅接一锅地装取。常会抬头看看身边的女人，目光极尽温情。

女人盘腿坐在地上，下面铺着厚而大的棉垫。她看上去很傻，目光呆滞，头向一边歪着，嘴角常有口水源源不断地流出。

吸引我的是她的头发。一丝不乱地在脑后盘成髻，一侧优雅地插着玫瑰红的水钻发饰，明显被精心地梳理过。这样生活不能自理的女人，有着如此整洁美丽的发型。对我来说是意料之外的事。

忙碌的间隙，他不时地喂她喝水吃东西，给她按摩双腿帮她擦掉那永远流不完的口水。这样的事情，要重复着做无数次。做着时，看不到任何埋怨与不耐，我甚至从他的脸上发现了某种幸福的东西。

我想，这个男人一定是穷得家徒四壁，又没有别的本事，只好随便娶一个妻子，至少可以解决一下生理问题。

只是，这样的女人，娶来何用呢？连交流都是问题，又如何产生感情？莫名地有些难过。钱，有时会限制人的选择。一个人的命运竟被那小小的纸片确定。

那天，儿子想吃爆米花，一下子想到那对夫妻。也许是早晨的缘故，远远地只看到他俩坐在金黄色的阳光里。他好像在喂她吃东西。

走近时，突然发觉男人的脸很英俊，虽遍布风霜，却充满骄傲和坚定。女人坐在地上的背影亦很美。髻上的发饰在朝阳中闪耀着绚丽的光环，仔细看过，才发现那是两颗重叠着的红心。那个时刻，我仿佛感觉他们真的很般配、很温馨。

男人冲我礼节性地笑了一下，开始忙碌。我的好奇心蠢蠢欲动。交谈中，知道了他们不同寻常的过去。那一刻我流了久违的眼泪，为他们明净如水、情深似海的爱。泪中也有愧，为自己贫乏庸常甚至低俗的想象力。

20岁时，师范毕业的他们分到同一所中学任教。相识，相恋，结婚，加起来不过3个月时间。年轻的心向往着远方，飞翔的自由吸引着这对朝气蓬勃的伴侣。婚后第二年，也就是22岁时，两人双双辞职，成为令同事羡慕的北漂族。

在北京一待5年，其间做过许多工作，后来开始尝试做生意。天资聪颖的她，加上智慧能干的他，真是天造地设的绝配。他们出售前景看好的家居装饰，从小店铺做起，一路走来，越做越大。

后来包租了家装大楼的三楼整层，事业如日中天。

晚上，她小鸟般依在他的怀里，柔情蜜意。

老公，照这样下去，明年就可以给你生个大胖儿子。

他欢喜得合不拢嘴。把她的身体抱得紧了又紧。

还是先买房子吧。你的腰椎不好，生孩子会疼痛加剧。有了房子，首先给你买个最好的大浴盆。我给你放好热水，然后加些活血化淤的中药进去。你每晚躺在里面舒服地泡一个小时，这样腰痛会很快缓解，到时我们再生孩子。

第九章 幸福的微笑：内心宁静、祥和、满足的笑

227

如果是个女儿，一定如你一样聪慧美丽。

如果是个儿子，一定像我一样高大英俊。老婆，你说我是不是脸皮有点厚呢？

他吻着她如缎的长发，眼中幸福满溢。

她把身子又往他的怀里搡了搡，恨不得揉进他的骨头里。老公，一点也不。你就是我心中最棒的男人。

为什么呢？我有那么优秀吗？

因为你是我最爱的，且是我今生唯一的男人。物以稀为贵嘛。

眼中有湿湿的东西在奔腾。他把它咽到心里，对自己说，妻也是自己一生的唯一。

那天他去批发市场进货，她和雇员一起在店里忙碌。生意很火爆，顾客源源不断地进进出出。

她在接待一对年轻的夫妻。他们来选木地板。品牌选定后，两人在颜色深浅上产生分歧。妻子坚持用浅色，丈夫却执著地喜欢深色，于是你一句，我一句，相持不下。

此时，她的心突生莫名的烦躁，自开店来从未有过。隐约闻到一阵焦煳的味道。接着叫喊声与急促慌乱的脚步声纷至沓来。

着火了，着火了……

心猛然收紧。她看到烟雾已从楼梯不可阻挡地弥漫上来。脑子轰地一声。很快恢复镇静后，马上疏散顾客迅速离开商场。在确认无人之后，她看了一眼自己的货架，心情复杂地跑了出去。

火势迅速蔓延。她站在外面看着里面浓烟滚滚，想着自己和爱人的心血终要化作灰烬，泪像六月的雨滴，落个不停。这时，买木地板的夫妻突然大喊，孩子，我的孩子还在里面。消防车还未到，瞬间的犹豫后，她裹了一条湿毯便冲了进去……

孩子已被突然的变故吓呆了，只会哭着喊妈妈，身体却一动不动。她把他抱起来，绕开火焰疾走。

快到门口时，头顶发出某种东西断裂的声音。她下意识把孩子放低，使出浑身力气扔了出去，自己却被重重地砸倒在那里……

他接到消息回来时，妻子已神志不清地躺在医院里，与早晨出门时判若两人。脑部神经及腰椎严重受损。医生说即使能脱离生命危险，也将是一个生活不能自理的人。

他对医生说，我只要她活着。她是我生命的一部分，只有她活着，我的生命才能完整。

在医院待了 3 个月后，他把她带回家里。她无法站立，说话含糊不清，痴呆。

医生说，她伤得太重，我们已经尽力。

他笑着说，谢谢你们，她还活着，这已很好了。

火势太大，他们的全部商品化为乌有。两人几年来的努力瞬间成了空白。

他想东山再起，却苦无资金。也想过出去工作，但妻子需要照顾，他无法离开。于是一切作罢。

偶然他遇到一个卖爆米花的人，眼前突然一亮。

虽收入很低，却能够维持生活。且可以每天带着妻子，随时照顾，不用分离。

他买了三轮车，每天把妻子抱到车里，早出晚归。

几年来，他们走了很多地方。

他说，妻子是浪漫的人，一直喜欢旅游。我要陪着她，尽量多走走。

我的心里很感动，却也为他叫不平。这样的男子，本可以有更丰盛、更向上的人生，却因为妻子的拖累，沦落街头，真是让人惋惜。

你可以再娶，然后两人一起照顾他。这样你会有更加明媚的人生。

不，有她我就够了。只有她是我的妻子。

你不觉得苦吗？还不到 40 岁，这样的日子会漫无边际。

她在我心中是最美的。

为了一个陌生的孩子，她可以不惜付出自己的生命。

而我，只是在照顾自己的妻子。与她相比，我做的这些又算得了什么呢？

他帮她擦去唇边的口水，然后放一粒爆米花进去。她报以绽颜一笑。

微微的爱意在他的脸上荡着涟漪。

他对她的爱，沉静如海，琐细完整。

她浑然不知，却是最幸福的女人。

这时，只听滚桶"砰"的一声巨响。

泪眼中，我看到她拍着手叽哩咕噜地似在欢呼。

我问，她在说什么？

他笑着答，她说开花了，开花了。

心中霎时暖意汹涌。

那圆润饱满的爆米花，原是洁白的幸福之花，在充满爱的人生中盛开如锦。

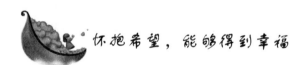

怀抱希望，能够得到幸福

怀抱希望，能够得到幸福，本来就是一种积极乐观的心态。即使在不幸福的时候，假想一下幸福，也是一件快乐的事情。

我必须假想我是幸福的，因为幸福首先是一种感觉，我觉得我是幸福的，我就是幸福的。

在这个前提下，我才能设计出我幸福的生活。

我要先给幸福一个最浅的底线，那就是活着。

生命是我享受一切幸福的基础，所以我先要珍爱生命，我坚决不做拿生命开玩笑和有损生命尊严的事情，同时我也要尊重他人的生命。

如果我是健康地活着，那我就更幸福了。

如果，我还有个家，有牵挂我的人，有点钱，那我就非常幸福了。

如果我能从事自己喜爱的工作，能维持自己的兴趣，且有心灵相通的朋友，那我就是最幸福的了。

我要将幸福设计成一棵树，用爱与希望扎根，用智慧与意志浇灌。我不会害怕不幸的狂风骤雨。因为那也是幸福之树生长所必需的养料。这棵树不一定要开灿烂的花，但一定会结甜美的果实。

我要将幸福设计成一条路，可以有泥泞，也可以有荆棘。这样我就能知道，那搀扶过我的人就是给予我幸福的人，那些与我共患难的人才是能与我同享幸福的人。因为我深信，将跋涉的日子拧成一股绳，最终一定能套住幸福。

我要将幸福设计成一件衬衫，色泽不要太华丽，款式不要太新潮，但质地一定是优良的。

因为幸福的基调是平和的、温暖的，只有藏在平凡中的幸福才是永久的；只有融入平淡中的幸福才是温馨的；只有源于灵魂深处的幸福才是珍贵的。

我要将幸福设计成一篇小说，不要哗众取宠的标题，不要跌宕起伏的情节，只需要时间地点，需要阳光清风，需要酒足饭饱。人物就在简单的背景下简单地生活，而幸福就在朴素的日子里朴素地闪光。

当然，我不会耽于虚幻的设计，我每天都会精心地为我的幸福树施肥，都会细心地丈量幸福的路程，都会耐心地将我的幸福衣衫烫熨得平整洁净，都会用心地给我的幸福小说的字里行间撒下爱与关怀。

我的幸福不是烟霞几缕，不是云山隔梦，它绕在指间，柔若无形；它伴在身边，轻若无声；它漾在心湖，甘若无味。

第九章　幸福的微笑：内心宁静、祥和、满足的笑

231

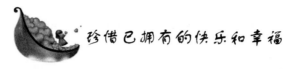
珍惜已拥有的快乐和幸福

　　罗马哲学家塞尼逊有句名言："人最大的财富，是在于无欲。如果你不能对现有的一切感到满足，那么纵使让你拥有全世界，你也不会幸福的。"

　　不论是生活中还是工作中，每个人都可能会有一些贪婪的念头，总是羡慕别人的生活方式，羡慕别人的美丽容颜，羡慕别人巨额的财富……其实他们不明白，即使拥有了这一切，如果忽略了自己安定的工作、和睦的家庭、健康的身体、知心的朋友同样会得不偿失，说不定这些正是别人梦寐以求的呢！

　　虽说贪婪有时候可以成为不断追求目标的动力，但最终会给自己带来消极的影响。所以请珍惜已经拥有的快乐和幸福，别让这种美好的生活从身边悄然溜掉，学着做个知足的人。

　　有一个天使，送信的时候在人间睡着了。醒来后，她发现翅膀被偷走了。没有翅膀的天使，失去了本身原有的能力，她既冷又饿，步履蹒跚地走到一个牧羊人的家门口。

　　牧羊人看到可怜的天使便将她迎入家中。

　　待天使对牧羊人讲述了自己的遭遇后，牧羊人非常同情天使，就为她找来暖和的衣服，为她准备了可口的饭菜。

　　牧羊人说："即使你不是天使，我也同样会为你准备饭菜和衣服，但如果你想继续在这里吃下一顿饭，那就得靠自己了。"

　　于是，天使开始跟着牧羊人学习牧羊。

　　在放羊的时候，天使每天都会从羊身上梳理一些羊毛。

　　时间长了，她终于为自己做成了一双羊毛翅膀，在牧羊人惊叹的目光下飞走了。

　　过了一段时日，天使重新回到牧羊人的屋子里报恩，问他希望

得到什么。

牧羊人想了想说："既然这样，那你就给我 100 只羊吧。"

就这样牧羊人的羊群又增加了 100 只羊，但牧羊人却比以前更累了。他找到天使，希望天使把羊收回去，只要为自己盖一所大房子就行了。但牧羊人住在大房子里，发现到处都是尘，一个人根本打扫不过来，于是，他又找到天使用房子换了一匹马。可牧羊人骑在马背上，不知该去什么地方，于是最后将马还给了天使。

天使问："那你还希望得到什么呢？"

牧羊人回答说："我想我现在什么也不缺了。"

天使说："其他人都有很多，而且很远大的理想，难道你没有吗？说出来我会帮你实现！"

"直到愿望实现之后我才发现，其实我根本不需要这些东西，它们反倒会成为我生活的累赘。"牧羊人望着天使无奈地说。

天使说："那么，我送你一样无价之宝吧，就是性格。你想有什么样的性格？"

牧羊人说："我已经有了这样的性格，那就是知足。"

知足是一件无价之宝，但人们往往不会拿它当宝用。

很多的时候，我们总是对它不屑一顾，结果总是被无休止的愿望缠绕在身，弄得身与名俱灭。

因此，作为一名企业的员工，要积极乐观的工作，不要对公司有过高的要求，因为现在你已经过得很好了，在适当的时间、适当的环境下适当地培养自己的满足感，才能知足常乐，让自己受益匪浅。

其实，不管是良好的办公环境，优越的工资待遇，甚至老板的为人等都不应成为衡量一个公司好坏的唯一标准，更不该成为和其他公司、其他员工攀比的条件，要知道，人们所追求的名、权、利皆是过眼云烟，生不带来死不带走的东西，我们不应该把它看得太重。

世界上根本就没有十全十美的人和事；知足了，就可以让自己活得更加轻松；知足了，就可以给他人少添很多的麻烦；知足了，就能让自己更加用心地去做事。

知足常乐是一种自我解脱，可调整情绪，也是取得心理平衡的安慰良药。拥有它，你就会变得豁达开朗，心胸宽阔，让快乐常伴左右。

记得有一首歌写得好：在世上有多少欢笑，能使你快乐永久？试问谁能支配将来永远不必担忧？名和利哪天才足够，能使你满足永久？试问就算拥有了一切，谁能守住眼前的所有？享受生活，知足是真，因为心灵满足才是真正有福的人啊！

互联网上有这样一句话：我只看我所拥有的，不去看我没有的。这虽然有点阿 Q 的意思在里面，但当我们面对无休止的欲望的时候不妨自嘲一下。

当你回头望一望那些没有解决温饱问题的人的时候，你就会觉得，我们现在这样活着、有饭吃、有班上，就已经很幸福了，不是吗？

曾经有人说过这样一段话：

"如果早上醒来，你发现自己还能够自由呼吸，你就比在这一周离开人世的 100 万人更有福气。

"如果你从未经历过战争的危险，被囚禁的孤单，受折磨的痛苦和忍饥挨饿的难受……你已经好过世界 5 亿人。

"如果你的冰箱里有食物，身上有足够的衣服，有屋栖身，你已经比世界 70% 的人富足。

"如果你的银行户头有存款，包里有现金，你已经身居世界上最富有的 80% 的人之列。

"如果你的双亲仍然在世，没有分居或离婚，你已属于稀少的一群。

"如果你能抬起头，带着微笑，内心充满感恩的心，你是真的幸福——因为世界上大部分的人可以这么做，但是他们没有。

"如果你能握着一个人的手，拥抱他，或者只是在他的肩膀上拍一下……你的确有福气，因为你所做的，已经等同于上帝才能做到的。"

　　其实，如果你能读到这段文字，那么你便是拥有双份福气的人，你比20亿不能阅读的人更要幸福。

第九章　幸福的微笑：内心宁静、祥和、满足的笑